図解 令和自衛隊大全
「隊」格大改造

「防衛力抜本的強化」の深層

自由民主党参議院議員
佐藤正久
Masahisa Sato

徳間書店

図解

令和自衛隊大全

「隊」格大改造

「防衛力抜本的強化」の深層

はじめに

２０２４年１月１日、石川県能登地方で巨大地震が発生した。お亡くなりになられた方々に謹んでお悔やみ申し上げますとともに、被災された皆さまに心からお見舞い申し上げます。

この被災者の救済と被災地の復興支援のために尽力したのが自衛隊だ。

被災地へのアクセスが寸断されている中、点在する孤立地帯は少子高齢化の影響で高齢者が多く住む。「我慢」をしてしまう年代である。

そこで「御用聞き隊」を編成。隊員は道なき道を行き、時に太ももまで泥水に浸り、雪を踏み、崖を登りながら孤立地域を訪ね被災者の要望を手帳に書き留める。その要望を叶えるべく、翌日も道なき道を走破し、御用聞きを行い…この被災者への寄り添い支援を繰り返したのである。

創生期には総理が「日陰者」としていた時代もあったが、現在、自衛隊はほとんどの日本人にとって誇るべき存在である。ところが、災害などの度に感謝され、尊敬されるものの、入隊者不足が常態化している状況だ。

その一方で、列島周辺の安全保障環境は急速に変化している。

日本は価値観の違う3つの核保有国に囲まれた、世界でも稀にみる危険な場所に位置する国だ。ところがロシアがウクライナに侵略戦争を起こした。中国は台湾統一に向けて武力行使も辞さない構えを見せ、その弟分である北朝鮮は、ミサイルを撃ち続けている。

こうした中でイスラエル－ハマス戦争が勃発した。

地球儀規模で俯瞰すればヨーロッパ、中東、極東アジアの3カ所の地政学的リスクが上がってしまったのである。その原因がアメリカの外交・安全保障姿勢だ。オバマ政権時代には対中国を正面とするリバランスが行われた。バイデン政権は継承したが、逆に地政学リスクが拡大してしまっている。

そのアメリカは2024年11月に大統領選が予定されている。現職のジョー・バイデン大統領と前職のドナルド・トランプの対決が現実味になりつつある。本稿執筆時点ではトランプ優性の流れだが、どちらが勝つにせよ、拮抗することは間違いない。内政は外交の延長である。その内政が分断するのだから、アメリカの外交の停滞が予想されている。

この状況の中で起こっているのが「戦争の形」の変化だ。かつて戦場は軍人が活動する場所だったが、現在では軍と民間の境界線が曖昧になってしまっている。サイバー、電磁波、宇宙に戦域が拡大したこと。ドローンやAIなど民間技術を軍事転用する兵器が増えていることが大きな原因だ。

こうして整理していくと、自衛隊にはこれまでにない高範囲で多様な役割が要求されていることがわかるだろう。

国防は当然のことだが、国際社会の一員として海外のリスク対応。陸・海・空といった既存の戦域ではない「新戦域」での防衛。また民間と協力した上での、技術開発、防衛装備品開発などである。

もはや既存の自衛隊ではなく、「新自衛隊」とでも言うべき劇的改革を組織面や装備面などあらゆるところで行わなければならない時代がやってきたのだ。

そこで岸田政権は「安保3文書」の改定を閣議決定。これに従って、防衛予算を大幅に増額した。その予算を使って変化を遂げているのが2024年の現実である。

防衛省は「抜本的強化」と銘打ったが、本書では国際社会の状況を踏まえて「強化」の理由を、さらに自衛隊改革の詳細を織り交ぜて「抜本的」の正体を解説している。

防衛系の改革の場合、どうしても火器など新防衛装備品を強調しがちだが、本書が強調したいのは第5章の「隊員」だ。人こそが城であり、人こそが石垣であるにもかかわらず国防はこれまで、予算不足から来る負担を隊員の「我慢」に依存してきた。

ようやく給与面や労働環境面、福利厚生など「待遇」を改革する時が来たのである。私が2024年度予算でもっともこだわったのが、この部分である。

その意味で本書は現職の自衛隊員だけではなく、特に自衛隊の入隊希望者、あるいは予備自衛官希望者など「未来の自衛官」に是非とも読んでいただきたい。

2024年3月

参議院議員　佐藤正久

目次

CONTENTS

第1章 2024年の複合危機

第2章

アメリカ大統領選が世界を変える

CONTENTS

第3章 令和の自衛隊像

第4章 新防衛装備品のすべて

CONTENTS

第5章

国防の要は「自衛官」

CONTENTS

第1章

2024年の複合危機

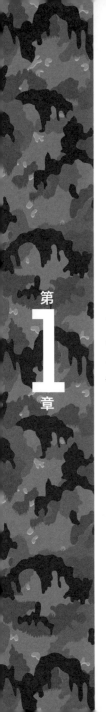

日陰者から誇りに

自衛隊が国民から歓迎されチヤホヤされる事態とは、外国から攻撃されて国家存亡の時とか、災害派遣の時とか、国民が困窮し国家が混乱に直面している時だけなのだ。言葉を換えれば、君たちが日陰者である時の方が、国民や日本は幸せなのだ。どうか、耐えてもらいたい。自衛隊の将来は君たちの双肩にかかっている。しっかり頼むよ。

これはかの吉田茂元総理の言葉である。時は1957年。防衛大学の記念すべき1期生の卒業アルバム制作費の肩代わりを申し出た吉田元総理は、卒業式前の2月、大磯の邸宅に防大1期生を呼び寄せた際、自宅応接室でこう話した。

言うまでもなく総理は自衛隊の最高指揮官である。その最高指揮官が、幹部候補生、しかも防大が初めて輩出する1期生に向けて「自衛隊は日陰者」という認識を示したということだ。

対して2016年10月23日、安倍晋三元総理は「平成28年度自衛隊記念日観閲式　総理訓示」でこう述べた。少し長いが全文を掲載する。

3年ぶりに、再びこの朝霞の地で観閲式に臨み、士気旺盛なる諸君の姿を前に最高指揮官として大いに心強く、改めて身の引き締まる思いであります。

熊本地震、相次ぐ大雨。自然災害の現場には、必ず諸君たちの姿がありました。それはまさに「希望の光」であったと思います。

今、国民から揺るぎない信頼を勝ち得た諸君たちを、私は本当に誇りに思います。

今も、日本から1万1千キロ、灼熱のアフリカで、南スーダンの自立を助けるため、汗を流す隊員たちがいます。首都ジュバでは、カンボジアの部隊も共に活動しています。その若い女性隊員が、ある時、自衛隊員にこう話しかけてきたそうであります。

「約20年前、日本は私の国を支えてくれた。日本が私たちにしてくれたこと、今こうして、南スーダンの人たちに返せることを誇りに思う」

20年余り前、日本の自衛隊がカンボジアの大地に植えた「平和の苗」は今、大きな実を結び、遠く離れたアフリカの大地で、次なる「平和の苗」を育もうとしています。

南スーダンは、生まれたばかりの「世界で一番若い国」であります。あふれるような笑顔で隊員たちに手を振りながら、自衛隊の活動を見つめる子供たちの眼差し。彼らは将来きっと、南スーダンの平和な未来を切り拓く原動力となるに違いありません。

世界に「平和の苗」を植える。その大きな志を持って、この危険の伴う自衛隊にしかできない責務を、立派に果たしてくれている諸君に心から敬意を表します。

イージス艦一筋。一人の海上自衛官が5日前、31年に及ぶ自衛隊人生に幕を下ろしました。「父は、ほとんど家にいなかった」。高校2年生となった息子さんは、そうした父親に反発した時期もあったそうです。

今月、同じ艦の仲間が開いた送別会に、息子さんも招待されました。お父さんがミサイル防衛の最前線で、いかに重要な役割を果たしてきたか、どれだけ多くの後輩たちから尊敬を集めてきたか、代わる代わる話を聞いたそうであります。送別会の最後、マイクを握ったその息子さんは、こう述べたそうであります。

「父の背中が、今日ほど大きく、偉大に見えたことはありません。僕も、お父さんのように立派な自衛官になります」

本日、この場所には、隊員たちの御家族の皆様もたくさんいらっしゃっています。皆様どうか、誇り高き彼らの姿を、よく御覧ください。彼らの存在があったればこそ、日本は平和と繁栄を享受することができる。国民の命と平和な暮らしは、間違いなく彼らの献身的な努力によって守られています。

彼らは、日本国民の誇りであります。

御家族の皆様。大切な伴侶やお子様、御家族を隊員として送り出して下さっていることに、最高指揮官として心から感謝申し上げます。

隊員諸君。私と日本国民は常に、諸君を始め全国25万人の自衛隊と共にある。その誇りと自信を胸に、それぞれの持ち場において、自衛隊の果たすべき役割を全うしてください。


しかも安倍元総理は、『安倍晋三　回顧録』（中央公論新社）の中で「総理」の条件をこう明言している。

〈首相にふさわしいか、ふさわしくないかを考える時、私は、国を守る最後の砦である自衛隊の最高司令官が務まるかどうか、が重要だと思うのです〉

最高司令官の認識が「日陰者」から「誇り」に転換するまで実に約60年の時間がかかった。

ここから先、自衛隊は日本国民にとってこれまで以上に重要な仕事を任され、必要な存在になる。その理由を解説していきたい。

激変する自衛隊の在り方

2024年現在、国防の要である「自衛隊」は、その在り方を大きく変化させている真っ最中にいる。大げさな話ではない。

例えば、自衛隊はすでに「反撃能力」を保有することが決定している。また国防において極めて重要な領域になった「サイバー領域」での防衛では、これまでの「パッシブ（受動的）防衛」だけでサイバー領域を護ることは難しい。ゆえに「アクティブ（能動的）防衛」の議論が始まっている。

これまででは考えられないことだ。

サイバー領域では防衛範囲をより重要インフラを含めたより広範囲に拡大させることになるだろう。警察の治安維持範囲だった分野に防衛が加わろうとしている。こうした防衛範囲の拡大はサイバーに留まらない。すでに宇宙空間も国防の中に組み込まれている。ゆえに航空自衛隊は「航空宇宙自衛隊」に名称変更することになっているのだ。

専守防衛の中に「反撃能力」を保有すること、「アクティブ」な概念を組み込むこと、さらには「宇宙」にまで防衛範囲を拡大することなど、まさに「劇的」に変化しているのだ。

ただし日本国は不必要に自衛隊の抑止力を拡大しているわけではない。必要に迫られているからだ。これまでの在り方を考えれば、「劇的」に見えるかも知れないが、国際標準からすれば、むしろ「後手」というのが正直な評価である。

この理由を理解するためには国際社会全体の動きを理解しなければならない。

2024年3月現在の世界はアメリカを中心とした民主主義同志国と、中国、ロシアを中心とした権威主義同志国によって国際社会のデカップリングが常態化した状況にある。まさに「新冷戦」ということだが、この構造の根底にあるのが「内政」だ。特に2024年は日本を取り巻く各国で重要な内政イベントである「選挙」が行われる。「外交・安全保障は内政の延長線上にある」という観点に立って、整理していきたい。

まず2024年1月13日に実施された台湾総統選から始めていこう。

2021年12月1日に安倍晋三元総理が、台湾の民間シンクタンク主催のシンポジウムで、

「台湾有事、それは日本有事です。すなわち、日米同盟の有事でもあります。この点の認識を北京の人々は、とりわけ習近平主席は断じて見誤るべきではありません」

と発言したように、台湾と日本は地政学的に一衣帯水の関係にある。台湾の選挙結果は日本の安全保障に直結する重要な問題ということだ。

台湾の政治体制は「半大統領制」で大統領に当たる「総統」と国会に当たる「立法院」で政治が運営されている。総統は国家元首として、行政府の長を任命し、外交政策を決定する権限を持つ。立法院は国会議員によって構成され、法案の審議や可決、予算の承認などを行う仕組みだ。

内政における2大勢力は民主進歩党（民進党）と、中国国民党（国民党）。少し乱暴な分け方をすれば

民主進歩党（民進党）＝北京政府からの独立派

中国国民党（国民党）＝親中派

に2分することができる。民進党は長く台湾独立を支持し続けてきた。対して国民党は中国との関係改善を重視し、中国の台湾統一を支持している。ところが国民党は「親中派であること」は強く否定し、党内にも台湾独立を支持する人々が一定数存在する。したが

って正確に2分しているわけではない。

特に現在は区分けが難しい。その理由は「香港」だ。

中国政府は香港を自治区として自治を認めてきた。ところが2020年6月に、中国政府が香港に対する一国二制度を事実上廃止した香港国家安全維持法を施行。それ以降、台湾市民の独立世論は強くなっていて、かつての民進党・国民党の対立図式が必ずしも当てはまらなくなっている。

2024年の台湾総統選では民進党の頼清徳が、国民党の侯友宜に勝利し総統となった。さらに台湾の駐米代表は、2020年7月に就任した蕭美琴《シャオビキム》である。1971年8月7日に、日本の神戸市で生まれた蕭は独立派で、台湾内政にも強い影響力を持つ。

中国外交の特徴の一つが、強い言葉で相手を牽制する「戦狼外交」である。この結果から中国政府が、台湾に対する恫喝姿勢を、今まで以上に強化することは確実だ。

さらに総統選と同日行われた立法院選挙では、民進党が51議席、国民党が52議席、民衆党が8議席となり、民進党が与党を維持できない「ねじれ」が発生。2024年2月1日には、国民党・韓国瑜《ハンクオユイ》が立法院議長に選ばれた。

2018年から2020年まで高雄市長を務め、2020年の台湾総統選挙で蔡英文前総統に大敗した親中派である。

さらに立法院でキャスティングボードを握ったのが「民衆党」だ。中道左派である民衆党はどちらかといえば中国政府に近いとされている。

中国政府による台湾内政への工作が行われる可能性が極めて高い政治状況だ。内政面で台湾が中国との統一に向かえば、日本の防衛の在り方はまったく違ったものになる。

さらなる問題はアメリカ大統領選挙だ。

復活のトランプ

2024年11月5日にはアメリカ大統領選が行われる予定である。すでに2024年1月から前大統領であるドナルド・トランプの共和党の大統領候補になるための戦いの火蓋が切って落とされている。共和党予備選でのトランプの強さは圧倒的だ。このままならバイデン大統領と再び選挙で戦うことになる。

ところが2024年1月現在で81歳という高齢のバイデン大統領は「失言製造機」と呼ばれ、認知症の疑惑が常に付きまとっている。

対するトランプは2023年4月5日にマンハッタン地区検察事務所によって、事業記録の改ざんに関する34件の重罪で起訴された。アメリカで大統領経験者が起訴されるのは初だが、計算上の最大禁固は本件だけでも136年である。

しかも南部フロリダ州の自宅から最高機密を含む複数の機密文書が見つかった問題。2021年、連邦議会にトランプ支持者が乱入した事件への関与。また2020年大統領選時に敗北した南部ジョージア州の結果を覆すよう、州当局に圧力をかけた疑いなど複数の事件で捜査が続いている。

2023年8月24日、トランプはジョージア州フルトン郡の拘置所に出頭し、逮捕され、保釈保証金を払って釈放された。ところがトランプはこうしたマグショット写真を使ってグッズを製作し、選挙資金を稼いでいるのだ。

アメリカ市民はバイデンとトランプの戦いを、「ぼけ老人と犯罪者の戦い」或いは「失言王と暴言王の戦い」とからかって、お遊び気分の状況だが、超大国アメリカの選挙結果は日本の安全保障ばかりか、世界の安全保障に極めて大きな影響を与えることは言うまでもない。

この重要な選挙の情勢だが2024年3月現在、トランプが有利という意見が強い。アメリカ大統領選は州ごとに民主党＝ブルー、共和党＝レッドと別れている。両者が拮抗する「激戦区」を制した候補者が勝つのだが、バイデン大統領への支持離れもあって激戦区でトランプがややリードしているからだ。

確かにアメリカ大統領には不逮捕特権があるが、在任中のみ適用され、連邦刑事訴追に限定される。トランプはジョージア州、ニューヨーク州などいくつかの州で刑事訴追の対象になっているのだ。

いくら勝利したとしても逮捕されればまったく無駄ということになる。前述した捜査中の事件を含めれば、すでに量刑は最大禁固700年にも及ぶからだ。

ところがすでにトランプ陣営は「勝利後」に訴追をかいくぐる方程式を構築済みという声も多い。正攻法は、法務長官に子飼いをあてての法務省の支配だ。

そして、虎の子はもちろん「恩赦」だ。

もっとも楽なのは大統領が、自らに「恩赦」を与える方法である。これ自体前代未聞なのだが、「トランプならやりかねない」というのがアメリカ政界の認識である。

もう一つがもう少し合法的なやり方だ。

アメリカでは大統領が副大統領を指名する。大統領が辞任した際には副大統領が大統領になる仕組みだ。トランプが勝利した後、副大統領を指名してすぐに辞任。大統領になった副大統領がトランプに恩赦を与え、トランプを副大統領に指名する。

その上で大統領が辞任すれば副大統領指名されたトランプが自動的に大統領になる（次ページ図「トランプ『無罪』への秘策」参照）。

冗談でも何でもなくトランプ陣営はこうした奇手を真面目に考えているという。

内政の延長線上に外交はある

アメリカの内政の影響で地球儀上では2つの戦争が起きている。

一つが2022年2月24日にロシアによって引き起こされたウクライナ侵攻。もう一つが、2023年10月8日にイスラエルが「戦争状態」を宣言した一件だ。正面的にはイスラム組織、ハマスとの戦いだが、背後には中国、ロシア、北朝鮮そしてイランが存在する。

先ほど、

「外交は内政の延長線上にある」

としたがアメリカの内政は地球儀上の外交・安全保障に莫大な影響を与えている。その

トランプ「無罪」への秘策

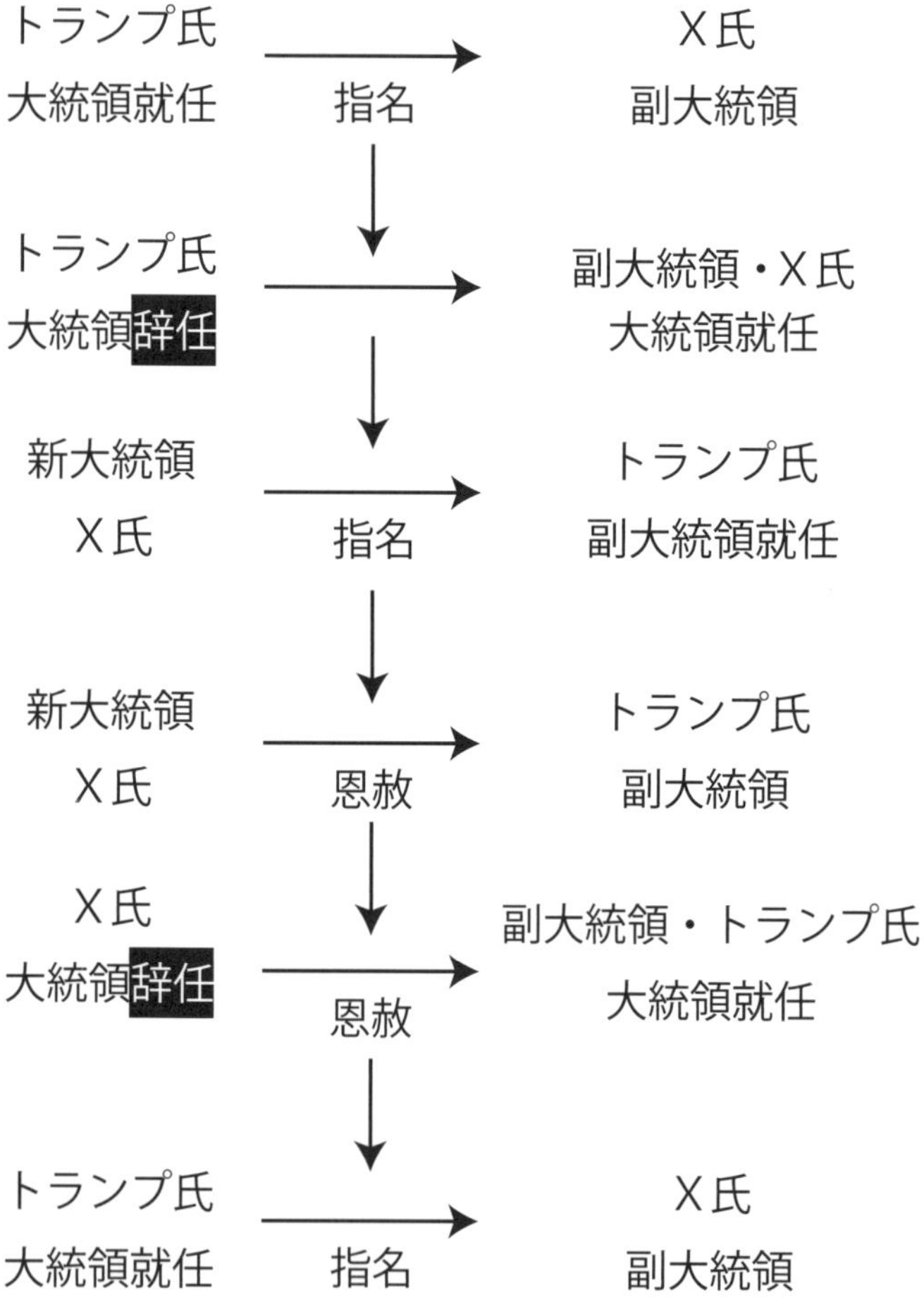
トランプ氏
大統領就任
指名
X氏
副大統領
トランプ氏
大統領辞任
副大統領・X氏
大統領就任
新大統領
X氏
指名
トランプ氏
副大統領就任
新大統領
X氏
恩赦
トランプ氏
副大統領
X氏
大統領辞任
恩赦
副大統領・トランプ氏
大統領就任
トランプ氏
大統領就任
指名
X氏
副大統領

原油価格・アメリカ政策の関係

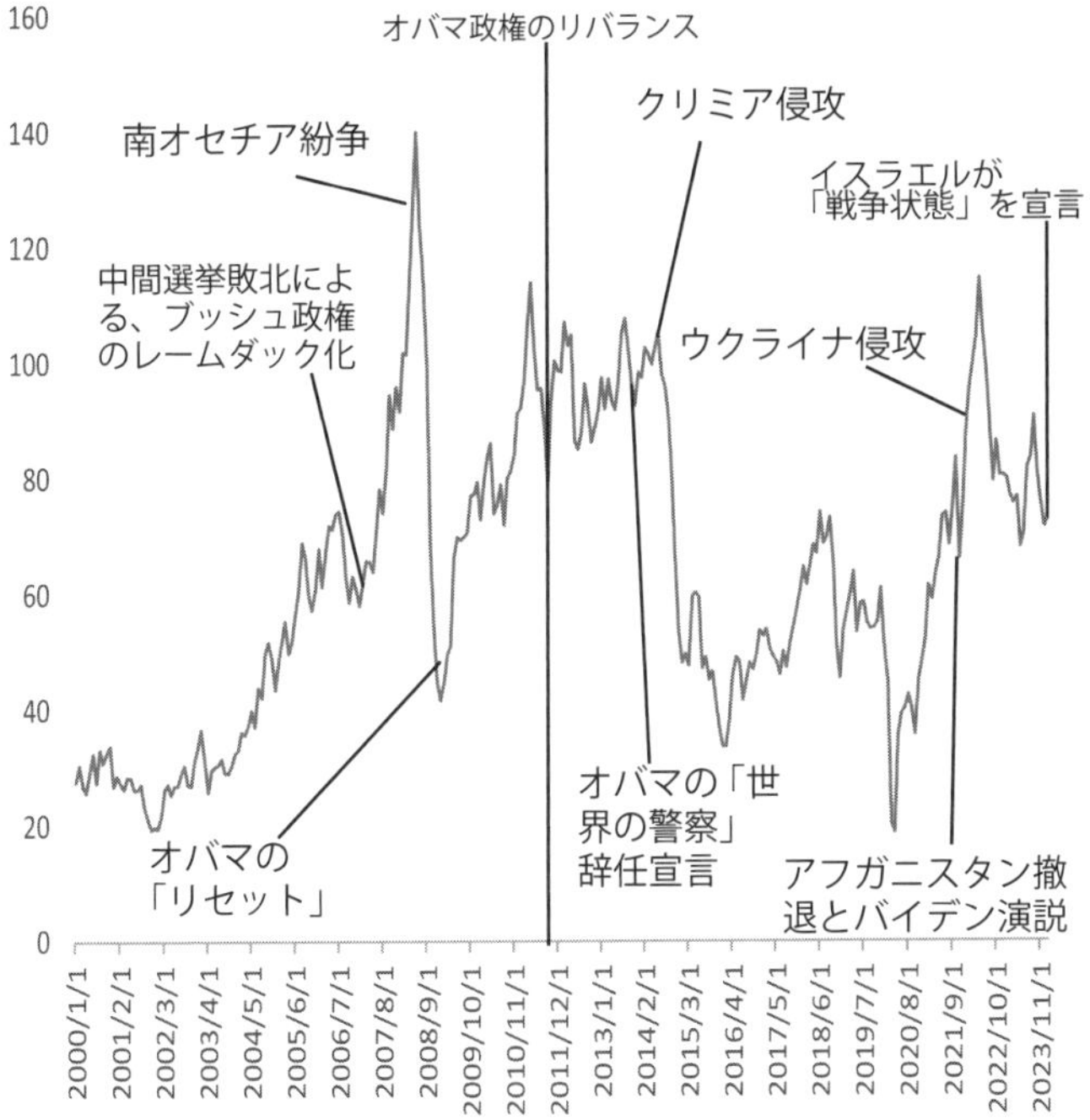

(敬称略・原油価格はWTI先物指標)

ことを2000年以降の歴史にスポットを当てて検証してみたい。まとめた前ページの図「原油価格・アメリカ政策の関係」を見ながら読み進めて欲しい。

最初に考えなければならないのが2008年に、21世紀最初にヨーロッパで起こった戦争「南オセチア紛争」だ。「ロシア・ジョージア紛争」の別名通り、ロシアが仕掛けた。

簡単に前提を整理する。

1945年の第二次世界大戦終結後、世界はアメリカを中心とした自由主義陣営と、ソ連を中心とした社会主義陣営に分断されることになった。分断の最前線はヨーロッパでドイツを境界線に自由主義陣営が「西側」、社会主義陣営が「東側」と呼ばれる時代が訪れる。

米ソ両国は大量の核兵器を保有。どちらかが「核」を使用すれば人類全体に甚大な被害を及ぼす「核のホロコースト」が起こる、ということで、東西陣営は直接的な軍事衝突を避けながら、冷戦状態、を維持し続ける。

やがて東側は経済的に疲弊、1989年12月に、地中海のマルタ島で、当時のソ連書記長、ミハイル・ゴルバチョフとアメリカ大統領、ジョージ・H・W・ブッシュが会談し、冷戦の終結を宣言した。以降、世界は、グローバリズムに向かって再編されることになる。

そのことで東側の解体が進む。

1991年12月26日にはソ連が崩壊。1991年からのユーゴスラビアでの紛争によって、ユーゴは分割解体した。

2000年のブルドーザー革命でユーゴスラビア、03年のバラ革命でジョージア、04年のオレンジ革命でウクライナ、05年のチューリップ革命でキルギスと解体が続いた。

一連の2000年代の東欧圏の脱ソ連化、は「カラー革命」と呼ばれている。こうしてロシアが旧ソ連時代の版図を続々と喪失する反対側で、版図を拡大していったのがEU（欧州連合）だ。

1993年に結成したEUは、2004年にはキプロス、チェコ、エストニア、ハンガリー、ラトビア、リトアニア、マルタ、ポーランド、スロバキア、スロベニアが加盟した。EUはヨーロッパの経済同盟だが、安全保障機構であるNATOと概ね「セット」になっている。EUの東方拡大はNATOの東方拡大ということだ。ロシア側から見れば自国の安全保障が脅かされる危機である。

EUとロシアの衝突点となったのが当時、「グルジア」と呼ばれていたジョージアだ。

2004年にグルジアでミヘイル・サアカシュヴィリが大統領になった。サアカシュヴィリ政権はEU加盟を模索したが、そこに立ちはだかったのがEUの加盟基準「コペンハーゲン基準」である。1993年の欧州理事会で決定された加盟基準では、「候補国が以下を達成していることが必要」とされた。それは、

・民主主義、法の支配、人権、少数民族の尊重と保護を保証する制度の安定
・市場経済が機能しており、連合内の競争圧力や市場原理に対処する能力があること
・政治・経済・通貨統合の目的の遵守を含む、加盟国としての義務を果たす能力があることである。

一方でグルジアではグルジア人と親ロシア派住民との間で対立が起こり、2008年夏頃には深刻な状態になった。しかもロシア軍が親ロシア派保護を目的に派遣されていたのだ。

この問題を解決し「安定」しなければ「コペンハーゲン基準」を満たせずEU加盟は望めない。EUに加盟しNATO加盟への道筋をつけさえすれば、ロシア軍を自国から追い出すことができる。そこでジョージアは、同年8月7日にロシア軍の駐留地に軍事攻撃を開始した——とされている。

「されている」というのは、ジョージアが先制攻撃を行ったかどうかは明らかになってい

ロシア・ジョージア戦争の構図

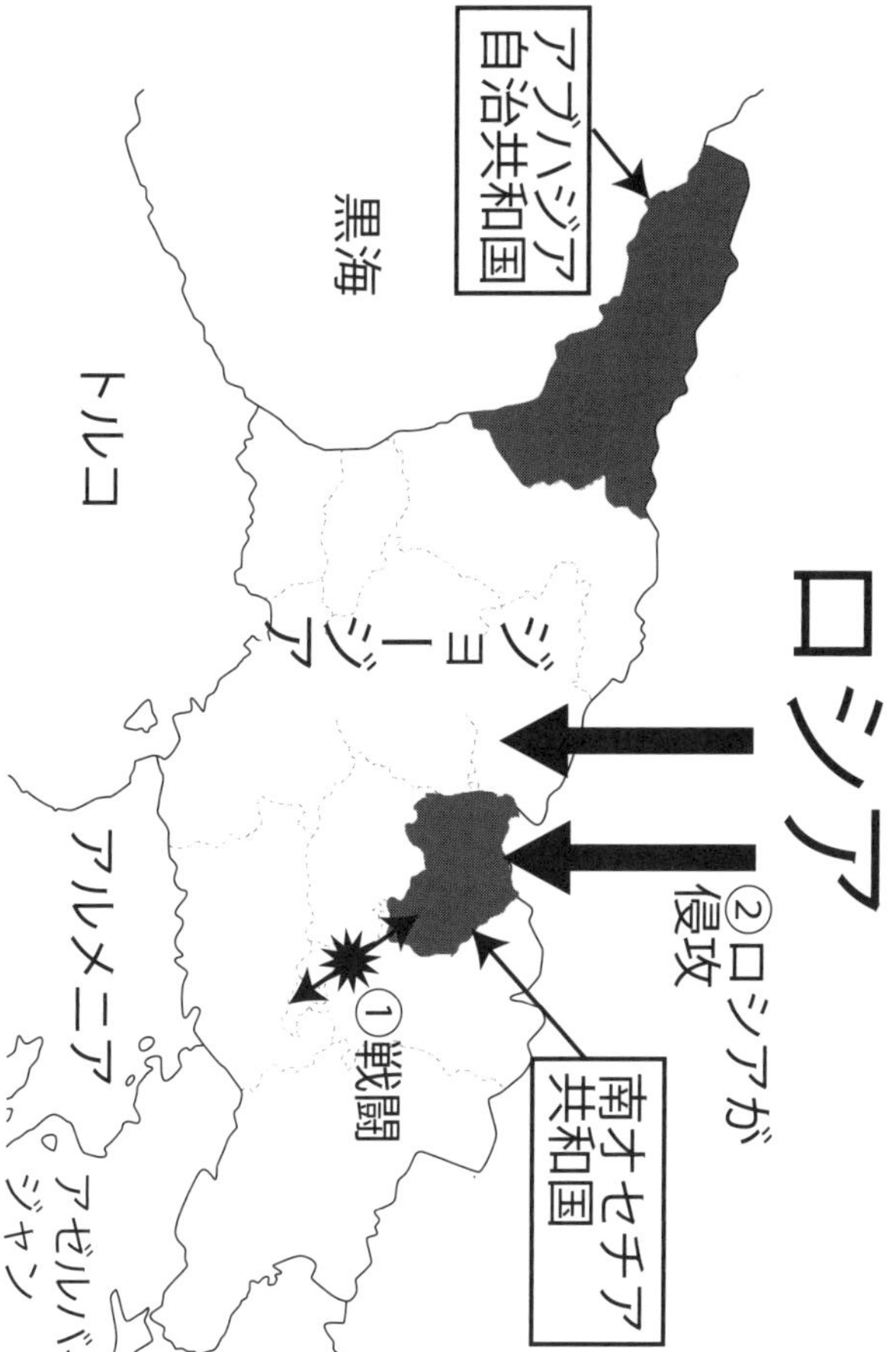

ないからだ。ジョージア側が、「先に手を出したのはロシアだ」と主張するように、ロシアが過度な挑発を行った可能性が強い。ちなみに世界の安全保障関係者の大勢は、「南オセチア紛争」を「ジョージアはロシアに陥れられた」と評価している。

ジョージアによる軍事攻撃を待っていたかのように、ロシア軍は陸・海・空から猛攻撃を開始。同年8月16日に停戦した。そして、同月26日にはロシアのメドベージェフ大統領(当時)が、南オセチアとアブハジアの独立を一方的に承認する(前ページ図「ロシア・ジョージア戦争の構図」参照)。

アメリカの内政と原油価格

ロシアが武力行使を決断する要素は、相手国の状況だけではない。原油価格の高騰と、アメリカの姿勢をロシアは観察して踏み切るのが歴史のパターンだ。

資源・エネルギーの産出大国、ロシアにとって原油価格の高騰は黙っていても国力が上がっていくチャンスだ。「南オセチア紛争」時には、中国の急激な経済成長に伴うエネルギーの需給バランスの崩壊が発生。そこに2007年に顕在化したサブプライム住宅ローン危機による世界金融危機の影響で、金融緩和が重なった。

その結果、2007年11月、世界の原油価格の指標になるWTIが99ドル／バレルを瞬間的に突破し、史上最高値を付けたのである。

この時期、「世界の警察」アメリカは大量破壊兵器問題で揺れていた。

2003年にジョージ・W・ブッシュ大統領（当時）は「イラクが大量破壊兵器を保有している」ことを理由に、イラク戦争を開始する。しかし大量破壊兵器は発見されなかったばかりか、ねつ造であることが暴露した。イラク戦争の責任を追及され、2006年の中間選挙で共和党が大敗し、ブッシュ政権はレームダック化してしまっていたのである。

ロシアの脅威を知悉しているウクライナとジョージアはEUとNATOへの加盟を求めていた。開戦約4カ月前の2008年4月には、ブッシュが、

「ウクライナとジョージアのNATO加盟を全面的に支援する」

としていた。それに反対したのがドイツのアンゲラ・メルケル大統領（当時）と、フランスのニコラ・サルコジ大統領（当時）である。ドイツは第二次世界大戦の贖罪と経済、フランスは経済が理由だ。

「いずれ加盟を」

と先延ばしにするヨーロッパの盟主である独仏を説得できなかったのは、ブッシュがレームダック化していたからである。

2008年大統領選挙で政権交代が起こり、翌2009年にはバラク・オバマが大統領に就任した。ところが就任直後、オバマは南オセチア紛争によって悪化したロシアとの関係を、

「リセット」

すると宣言したのである。

そして2009年3月6日、スイスのジュネーブで開かれた米ロ外相会談で、ヒラリー・クリントン国務長官（当時）が、「リセット」と書かれた赤いボタンの付いた装置をロシアのセルゲイ・ラブロフ外相に手渡し、同時に押すというパフォーマンスが行われた。

こうしてアメリカはロシアの蛮行を許してしまったのだ。

ところがオバマ政権は外交・安全保障政策でいくつかの決定的なミスを重ねる。そのミスが今日の世界の混乱の原点になるとは、誰も考えなかった……。

リバランス

この「リセット」の後、アジア太平洋地域の中で急速に台頭してきたのが、胡錦濤政権下の中国だ。2010年には名目GDPで日本を上回り、世界2位に入れ替わる。また、G20などの国際会議の場においても、中国の動向は中心的なものになっていったのである。G7側は、なすすべもなく中国の台頭に身を任せるほかなかった。というのは2008年のリーマン・ショックによる不況から抜け出すためにチャイナ・マネーが必要だったからだ。

中国の成長の勢いは、世界1位のアメリカを本気で追い抜くほどだった。アメリカは1972年のリチャード・ニクソン訪中以来、対中投資を拡大させ続けてきた。価値観の違う中国との関係を「戦略的互恵関係」と褒めそやしたことで、強大な敵を生み出してしまったのである。

慌てたアメリカは中国に対する評価を換え始める。2009年頃から中国は「南シナ海」で漁業監視活動を活発化したり、大規模な軍事訓練などを行う。その狙いが南シナ海の実効支配であることは誰の目にも明らかだった。

そこでオバマ政権は大きくアメリカの外交・安全保障戦略をチェンジする。２００９年11月にオバマ大統領が訪日した際、東京での演説で、「太平洋国家である米国が、非常に重要なこの地域における指導力を強化し、持続させていくことを約束する」と発表。それまでアメリカは中東や西ヨーロッパの地域の安全を守ってきた。そのリソースを減らして、対中国に再配分するということだ。

この「リバランス」によって米軍は中東・ヨーロッパからアジアへと組み替えることになる。

ところが中国はアメリカ相手に一歩も引かないばかりか、「攻撃」の姿勢を示す。

２０１２年６月にはスカボロー礁を実効支配。同年7月に当時のヒラリー・クリントン国務長官がスカボロー礁の中国艦船の行動を非難したものの、南沙諸島を管轄する海南省三沙市を新設した。

この対米対立姿勢堅持の象徴とも言えるのが習近平国家主席の「太平洋米中分割構想」だ。

2013年3月、習近平が国家主席に選出される。鄧小平が胡錦濤まで後継指名していたという意味では新時代のトップだ。その習近平は選出わずか約3カ月後の同年6月7日から、国家主席として初訪米し米中首脳会談に挑む。その席で、オバマ大統領に対して、「広く大きな太平洋には米中の両大国を受け入れる十分な空間がある」と発言した。現在の太平洋はアメリカの勢力圏にあるが、中国はそれを半分手に入れるという宣言だ。オバマ政権の「リバランス」で中国は太平洋進出を諦めることはないという挑発でもある。

ところが挑戦状を叩きつけられたオバマ政権は、真逆のメッセージを国際社会に発信してしまう。

「リバランス」の影響が中東で顕在化したのがこの2013年だ。2011年から始まったシリア内戦が激化。イランでは核開発問題が、リビアなどでも治安悪化が発生し中東はカオスになっていた。そして習近平発言の約2カ月後の2013年8月21日、シリア内戦でシリア政府軍が化学兵器を使用した疑惑が持ち上がる。

大量破壊兵器使用時には何らかの介入をしていたのが、これまでのアメリカの外交・安全保障姿勢だ。ところが同年9月10日、オバマ大統領は演説でシリア問題に触れて、

「アメリカは世界の警察官ではない」

と断言してしまった。

パックス・アメリカーナ終焉の瞬間である。

このメッセージを最大のチャンスと受け取ったのがロシアだ。しかも世界を守らないばかりか欧州の戦力リソースを減らし、アジアに振り替えてさえくれている。

この奇貨をウラジーミル・プーチン大統領は逃がさなかった。ロシアは2014年2月下旬に向けてクリミアに侵攻したのである。その戦術は世界の安全保障関係者に衝撃を与えた。

ハイブリッド戦術

2014年のクリミア侵攻でロシアが用いたのが「ハイブリッド戦術」だ。

このクリミア侵攻は2014年2月26日に、親ロシア派民兵が、政府側住民と衝突したことから始まる。たった約3週間後の同年3月16日にはクリミア半島のロシア編入を決める住民投票が行われ、翌17日には独立を宣言。翌18日にはプーチン大統領が独立を承認し、

21日にはロシアに編入した。

大規模な軍事衝突をすることもなく、ロシアはたった1カ月でクリミア半島を併合したということだ。

実は、この新たな戦争の形が令和時代の自衛隊の変貌の大きな動機になっている。そこで、「ハイブリッド戦術」を簡単に解説していきたい。

クリミア侵攻では、ロシア正規軍が直接侵攻する形ではなく、軍事と非軍事を組み合わせて侵攻が行われた。土台になったのは、2013年にロシアのゲラシモフ参謀総長が、発表した「予測における科学の価値」という論文だ。その論文に基づいてクリミア侵攻では、大きく以下のステップで侵攻作戦が進行した。

①ネットを通じてデマが普及

②大量の民兵が侵攻し放送局などを制圧

③住民投票でロシア側が勝利

結果、ロシアはほぼ無血でクリミアを手中に収めることに成功したのである。

正規軍による軍事力だけを使った占領ではなくサイバー空間でのクラッキング、情報の武器化による人の認知領域への攻撃、民間軍事会社の活用など、軍事と非軍事をボーダレスに連動させたこの戦術を、2015年にIISS(英国際戦略研究所)は、「ハイブリッド戦術」と名づけたのである。

ロシアはこの新たな形の戦争を、さらにブラッシュアップして2022年のウクライナ戦争で展開した。

最新のロシアの侵略プロセスを図式化したのがRUSI(Royal United Services Institute for Defense and Security Studies の略で「英国王立防衛安全保障研究所」)だ。創立が1831年と安全保障分野のシンクタンクで世界最古の歴史を持つ。

そのRUSIの陸上戦担当上級研究員、ジャック・ワトリング博士とリサーチアナリストのニック・レイノルズは、「The Plot to Destroy Ukraine(ウクライナ破壊計画)」というスペシャルレポートを発表している。

発表日はウクライナ侵攻約1週間前の2022年2月15日だが、レポート内の図「Russia's Multiple Paths to Victory(ロシア勝利への道筋)」は、ロシアがウクライナ侵攻で行ったことを、かなり正確に分析・予告している。

それを和訳し、書籍向けにデザインを変えたものが次ページの表「ロシアのウクライナ攻略タスク」だ。表中の何点かの用語について補足する。

ロシアのウクライナ攻略タスク

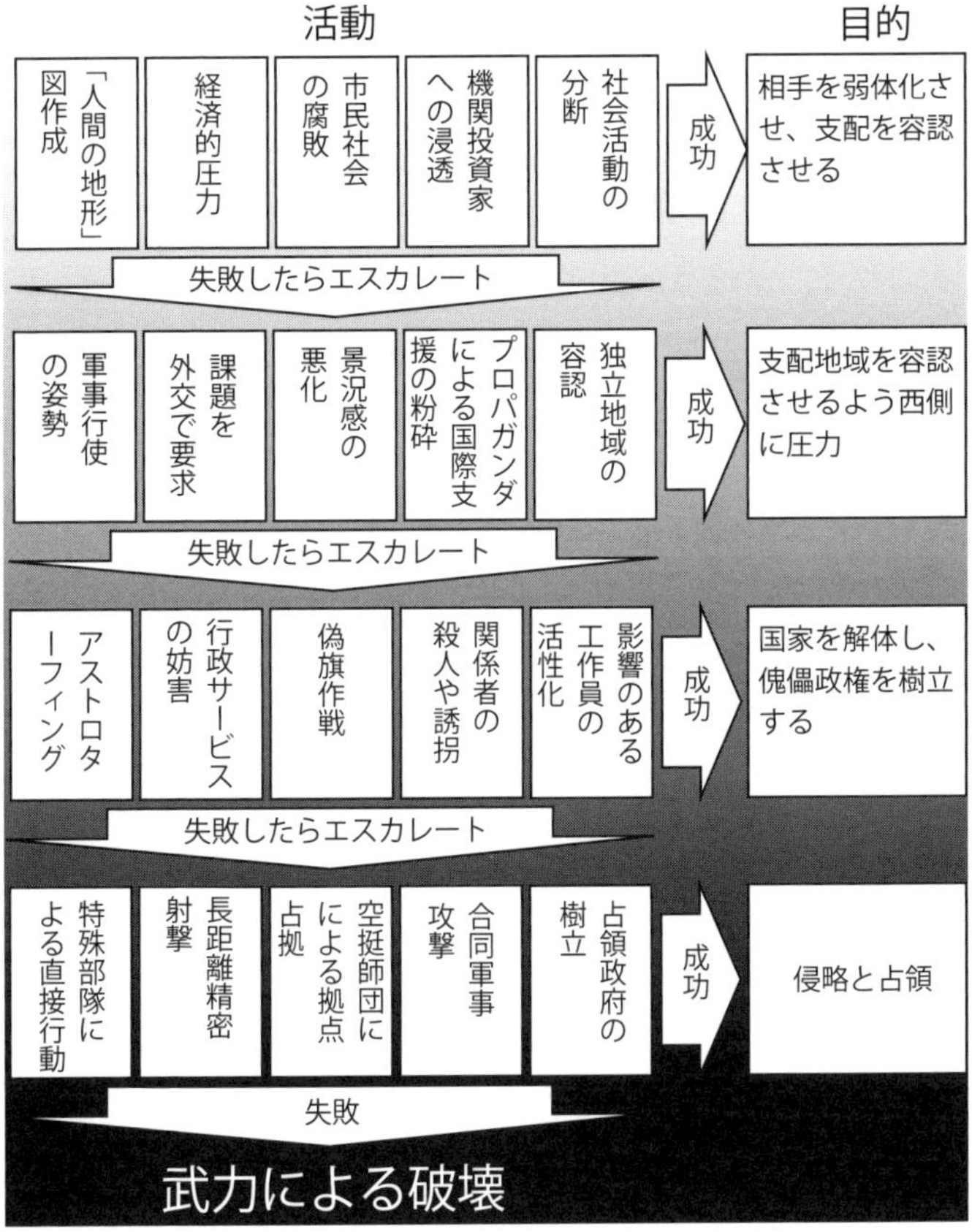

（RUSI　Jack Watling and Nick Reynolds「The Plot to Destroy Ukraine」を元に作成）

「人間の地形」とは現地住民の社会・文化的動態のことだ。

米軍はアフガニスタンを民主化させるプロセスの中で、2006年に「人間地形システム(HIS)」の設立を試みた。政府という上流から市民社会という広大な下流まで、民主主義を行き渡らせ、長期的な安定を構築するためである。

「アストロターフィング」とは団体・組織が背後に隠れ、自発的な草の根運動に見せかけて行う意見主張・説得・代弁の手法である。人工芝運動や人工草の根運動、偽草の根運動などとも言われる。

「偽旗作戦」とは、海賊が「降伏」の旗を掲げて敵を油断させて逆に相手の船を乗っ取るという行為に由来する、だまし討ちの軍事作戦だ。この場合は、心理に対して働きかける心理戦である。

技術領域も含めて軍事と民間の境界線をなくし、現地住民の「人間の地図」を研究し、効果的な情報を流布させることで人間の認知領域を攻撃し、内側から政治・社会構造を攻撃するところから侵略が出発する。

サイバー空間や認知領域などへの攻撃は現在の国際法では禁止されていない「グレーゾーン領域」と呼ばれる。現在の戦争は平時からグレーゾーン領域で「優性」を維持しなければならない。こうした最新の戦争の形に対応するために、自衛隊は変貌を余儀なくされたのである。

何より日本だけを守れば済むという状況でもなくなっているのが、世界のリアルだ。次章では中東に範囲を拡大して世界情勢を分析していきたい。

第2章

アメリカ大統領選が世界を変える

トランプの中東外交

ロシアの暴走を許したオバマ政権の外交・安全保障政策は失敗と評価せざるを得ない。中国は「リバランス」を意にも介さず、太平洋進出まで宣言しているのだから。

「リバランス」によって、中東も不安定な状況に陥った。

シェール革命によって世界一の産油国になったことで、アメリカの中東の中での価値は低下。連動してプレゼンスも低下させたことで「アラブの春」が起き、中東はカオスのようになった。その動乱の中で2013年にアルカイダから分裂して誕生したのがIS（イスラム国）である。

2014年6月、ISはイラクとシリアの一部地域を占領した。IS掃討のためにアメリカは米軍をシリアに駐留させたのだ。

まさに「リバランス」の失敗である。

その2年後の2016年のアメリカ大統領選挙ではオバマ大統領の後継だったヒラリー・クリントンがドナルド・トランプに敗れる結果になった。

2017年1月から始まったトランプ政権は、2021年の終了まで空爆やミサイル攻撃はあっても直接戦争に関わらなかった。アメリカの歴代政権では極めて珍しい政権である。

これはトランプ政権の外交・安全保障政策が優れていて、抑止力が効果的に機能したことが原因ではない。そのことを証言したのが、トランプ政権のパートナーだった故・安倍晋三元総理だ。『安倍晋三　回顧録』（中央公論新社）にこうある。

〈トランプは、国際社会で、いきなり軍事行使をするタイプだ、と警戒されていると思いますが、実は全く逆なんです。彼は、根がビジネスマンですから、お金がかかることには慎重でした。お金の勘定で外交・安全保障を考えるわけです〉

これは2018年6月にシンガポールで行われた史上初の米朝首脳会談についての話だ。同書で安倍元総理は、

〈「トランプが実は軍事行動に消極的な人物だ」と金正恩が知ってしまったら、圧力が利かなくなってしまいます。だから、絶対に外部には気づかせないようにしなければならなかったのです。「トランプはいざとなったらやるぞ」と北朝鮮に思わせておく必要がありました。私だけでなく、米国の安全保障チームも、トランプの本性を隠しておこうと必死

でした〉

と回想している。

アメリカ安全保障チームの「本性隠し」は、トランプが大統領就任期間中、続けることになる。その端的な例が安全保障政策の人事だ。ところが「本性」の影響で、度々、人が入れ替わることになった。

2019年1月1日のジェームズ・マティス国防長官の辞任劇は「本性」によるところが大きい。

シリア撤退を許せなかった

マティスは国防長官就任時に「マッド・ドッグ」という別名を持つことが報じられた。しかし氏を知る日米の安全保障関係者は、理性的で知的な素顔に強い尊敬の念を抱き「ソルジャー・オブ・モンク（僧侶）」と呼ぶ。

いずれにせよ生粋の軍人だ。本性を隠すにはうってつけの人事である。ところがマティスは辞任する。辞任のきっかけとなったのは2018年12月19日に発表された、アメリカ軍のシリア撤退だった。

複雑な中東情勢を整理しよう。

前述したように「ＩＳ掃討」を建前にアメリカはシリアに米軍を駐留させた。

ところがシリアのアサド政権を支援するのは、アメリカが核開発問題を理由に経済制裁を実行しているイランとロシアである。米軍のシリア駐留は、この2つの敵の影響力をシリアから排除すること、すなわちアサド政権を倒す目的も持っていた。

そこで利用されたのがクルド人だ。

シリア、イラク、トルコの山岳地帯に3000万人が住むというクルド人は、国家を持たない世界最大の少数民族だ。シリア在住クルド人にとっては、自らの居住区を侵略するＩＳも、アサド政権も敵という構図である。

米軍はベトナム戦争以来、現地の少数民族に軍事教育や武器支援を行い、反米勢力を攻撃する兵士を育成している。シリアにおいては、目的を同じにするクルド人を中心とする民兵組織「シリア民主軍（ＳＤＦ）」を支援した。

しかしアメリカ製の武器を大量に買いつけてくれるわけでもない支援は、トランプにとって魅力的には映らなかった。米軍の撤退は、シリアをロシアとイランに明け渡すだけではなく、米軍を信じたクルド人を見捨てることになる。味方の見殺しが、生粋の軍人であるマティスには許すことができなかった。

まさに「トランプ」という実利主義に、「生粋の軍人」というイズムが離反した形だ。

トランプの本性隠しのもう一つの好例が、マティス辞任劇の後、アメリカの安全保障の中核として台頭したジョン・ボルトンだ。

アメリカの価値観を押しつけるためなら軍事行使も厭わない強硬派は「ネオコン」と呼ばれる。ボルトン本人は「ネオコン」と呼ばれることを嫌うが、保守イランや北朝鮮に対する軍事力行使を支持するなど、強硬な外交姿勢で知られていて、「ネオコン以上のネオコン」である。

2018年4月に国家安全保障担当補佐官に任命されたジョン・ボルトンだが、マティスの穴を埋めるように台頭した。

2019年2月にベトナムのハノイで開催された米朝首脳会談では、軍事行使も含めた超強硬姿勢で北朝鮮と対峙。会議をご破算にしたことでトランプが激怒し、同年9月に解任している。

このような「コワモテ」を前面に出さなければならないほど、トランプは軍事が嫌いだったということだ。そのお陰で平和な時間が続いたことは皮肉な結果だが……。

失敗したバイデン外交

ご存じのように2020年のアメリカ大統領選を制したのは民主党のジョー・バイデン大統領だ。得票率はバイデン大統領51・3％に対してトランプが46・8％で、まさに「僅差」となった。

アメリカの大統領選挙制度を考えれば両候補者の得票率の単純比較が、当落の優劣を示すわけではない。ただし浮かび上がるのはアメリカ世論が分断している現実だ。

世論が2つに分断しているということは、政治はより内向きにならざるを得ない。こうしてできたバイデン政権は内向きになりながら、同じ民主党政権だったオバマ政権時代の「リバランス」を踏襲した。

「リバランス」戦略に沿ったビッグイベントが2021年8月30日のアフガニスタンからの米軍完全撤退だ。

アメリカがアフガニスタンに駐留したのは2001年9月11日のアメリカ同時多発テロ

事件から始まる「テロとの戦い」である。撤退について、バイデン大統領はアメリカのアフガニスタンでの任務はテロとの戦いであり、テロの温床を潰すことであると繰り返し主張していた。２０２１年8月16日の演説では、

「アフガニスタンでの（アメリカの）任務は国家の建設や中央集権的な民主主義の構築ではない」

として撤退を正当化しながら、

「アフガニスタン軍が自分たちで戦うことを望まない、戦おうともしない戦争で、アメリカ軍は戦うことはできないし、死ぬべきでもない（American troops cannot and should not be fighting in a war and dying in a war that Afghan forces are not willing to fight for themselves.）」

と明言している。つまり、撤退を通じてバイデン政権は、

「自国を守るために戦わない軍隊とともに戦わないし、命をかけることはない」

ということを示してしまったのである。このメッセージに刺激されたのがロシアだ。

①コロナ禍の経済活動停止に対応するための世界的な金融緩和によって発生したインフレ、②脱コロナ禍による経済活動再開、③グリーン投資拡大が合わさった結果、２０２０年から資源・エネルギー価格が高騰し天井が見えない状況になった。

エネルギー価格高騰とバイデン大統領「内向きの」メッセージに刺激されたロシアは2022年2月24日、ウクライナへの軍事侵攻を開始する。

1945年以降は国連安全保障体制が維持されてきたが、常任理事国が自ら侵略戦争を起こすという衝撃的な事態だ。ウクライナ戦争前後の経緯については前著『中国の侵略に討ち勝つハイブリッド防衛　日本に迫る複合危機勃発のXデー』（徳間書店）に詳しく述べている。

この戦争の引き金になったのが、国連遵守路線を踏襲していたバイデン政権だったという皮肉が繰り返されたのである。バイデン外交の失敗はウクライナに留まらなかった。

2023年10月7日、イスラエル－ハマス戦争が勃発してしまう。

中東を理解するためのキーワード

イスラエル－ハマス戦争の土台にあるのもバイデン外交の失敗だ。このことを理解するためにはトランプ政権の中東外交を理解しなければならない。さらにその前提として中東社会でなぜ争いが起こるのかを知る必要がある。

中東情勢に「わかりにくさ」を感じる日本人は多い。内紛や戦争、あるいはテロが起こる度に宗派や、アラブ国と非アラブ国、さらに複数のテログループ名が登場して解説されるが、その背景の根本部分の知識が共有できていないからではないか。

普通の日本人が中東社会を理解するために覚えておけばいいイスラム教宗派は「スンニ派」と「シーア派」だ。イスラム教の2大宗派で、世界のイスラム教徒人口のうちスンニ派が約8割、シーア派が1割強を占めるとされる。「Gulf 2000」によれば、湾岸各国の比率はスンニ派が約7割、シーア派が約2割という比率だ。

両派の大きな違いはイスラム教の預言者、ムハンマドの後継者を巡る見解である。

・スンニ派　ムハンマド死去後、血統ではなく能力で指導者を選ぶべきだと考え、娘婿でいとこのアリを含む4人をカリフ（最高指導者）として認める

・シーア派　ムハンマド死去後、娘婿でいとこのアリとその子孫を正当な指導者（イマーム）とする

両派は神とコーランを信じる点では共通しているが、スンニ派がムハンマドの言葉に従うことを重視するのに対して、シーア派は「イマームの教え」を重視する。また両派はメッカ、メディナ、エルサレムをイスラムの3大聖地としているが、シーア派はイマームの

殉教地も聖地に加えている。

こうした違いから両派は対立し、その対立が国家レベルに及ぶ。というのは、

・スンニ派の盟主国＝サウジアラビア
・シーア派の盟主国＝イラン

だからだ。サウジとイランが、「中東の盟主の座」を常に競い合っているのは「スンニ派」、「シーア派」の対立が強く影響している。

この問題をさらに複雑にしているのは支配階層と国民の間で宗派の差が生まれるからである。例えばバーレーンは王族がスンニ派、国民の多くはシーア派という宗派構図になっている。2011年にはアラブの春の流れの中で、この「宗教のねじれ」も手伝ってバーレーン騒乱が起こり、93人の死者が出た。

ところがバーレーンは暴動が起きても支配階層がおカネをばら撒くので、政権転覆まで進まない。イラクはシーア派の大きなエリアだったが、支配したサダム・フセインはスンニ派という構図だった。

このスンニ派とシーア派の対立図式の中に、アメリカやロシア、中国の「思惑」が絡みついてくるので問題の構図がよりわかりにくくなる。

サウジを追い詰めたオバマ外交

2016年には「シリア内戦」をきっかけにサウジとイランが国交を断絶した。米ロを交えて、それを図式化したのが次ページの「2016年サウジ・イラン国交断絶の概略図」である。

サウジはアメリカと同盟を結びながらロシアとも関係を維持。一方でアメリカのオバマ政権は核開発を巡る6カ国合意などを通じてイランに接近し、懐柔を試みた。

そのオバマ政権の外交の影響でサウジは追い詰められることになった。

シリア内戦は、中東の民主化運動「アラブの春」の影響を受けて、民主化を求める人々をアサド政権が弾圧したことをきっかけで始まった。イランは「主権尊重」を掲げアサド政権を支援した。ただし「支援」は緩やかなものではなく、イランが派遣した民兵や部隊が政権軍の屋台骨を支えるほどである。

一方、サウジはアサド大統領退陣を訴え、反体制派を支援してきた。だが、反体制派は劣勢に追い込まれ、残る大規模拠点は北西部イドリブ県のみ。支配地は国土の1割に過ぎ

2016年サウジ・イラン国交断絶の概略図

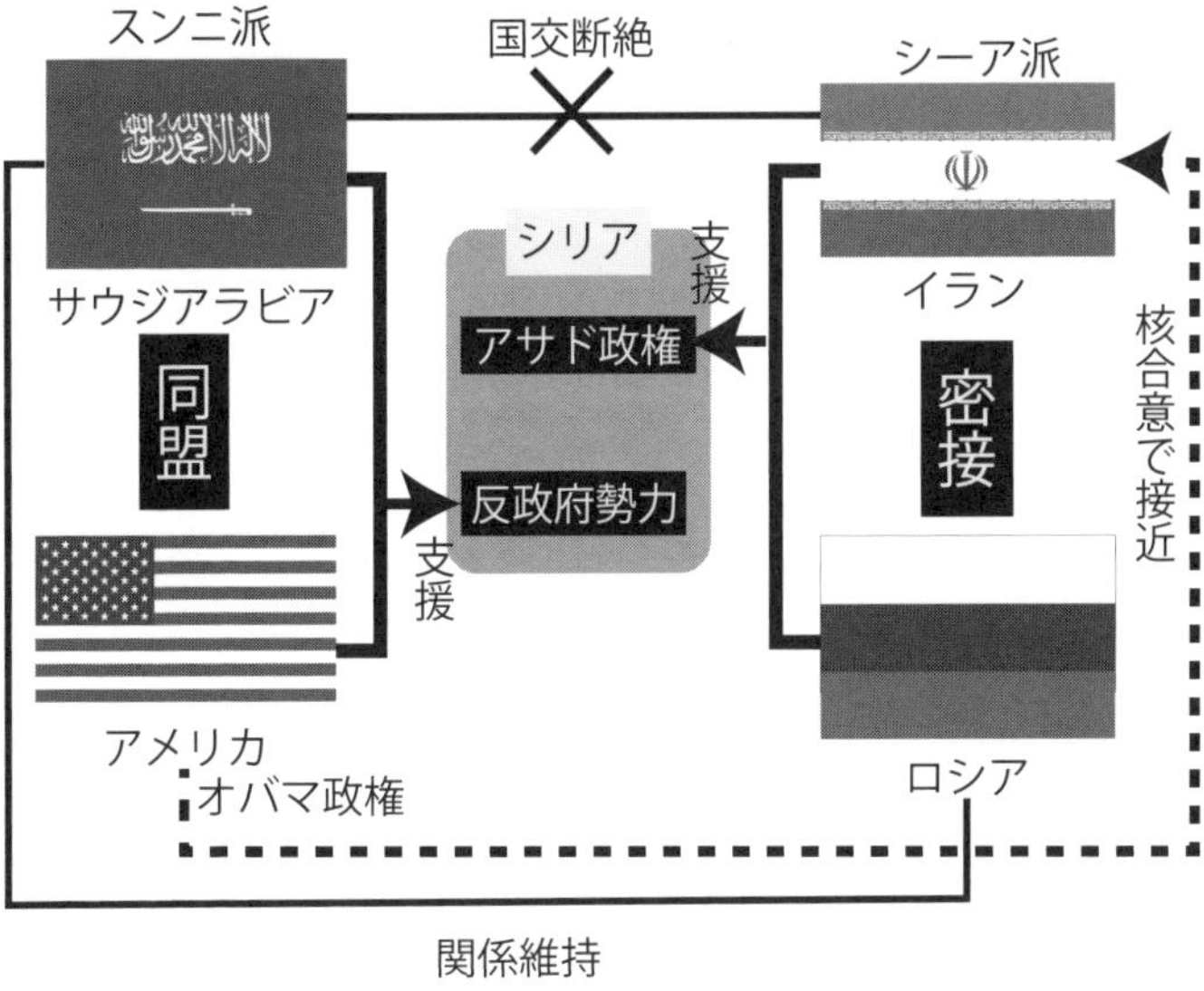

ない。

この支援対立の背景にあるのも宗派である。前述したようにイランにはイスラム教シーア派が多い。サウジはイランについて、「イスラム教シーア派の人々を扇動して、各国の政体転覆をもくろんでいる」とみる。

イラン封じ込めは最優先の対外政策になっていたが、成果は出せない状況が続いている。

2016年の断交以降、サウジではイエメンからのミサイル攻撃が続いていた。発射しているのはイランの影響下にある反政府武装組織フーシだ。

そのフーシが拠点を置くイエメンではサウジがハディ暫定政権を支えていた。フーシは2014年、首都サヌアを占拠し、暫定政権を撤退させた。これを受けて、サウジは2015年からフーシへの空爆を開始。だが、多くの民間人が巻き添えになっており、国際社会から非難されている。

またサウジの台所事情は窮乏の一途だった。ムハンマド皇太子が「2020年までに石油に依存しない経済に移行する」としたものの、政府歳入の大部分を原油に頼る構造は変わらない。歳出の2割超を占める軍事費は「イランの脅威」で年々増加。2013年以来、赤字予算だったが、コロナ禍とウクライナ戦争による原油高騰によって2022年にようやく黒字に戻した。

サウジにアラブの連帯を尊重する余裕がなくなり、ムハンマド皇太子が国益の最大化を目指す「サウジ・ファースト」の姿勢を強めていることは、アラブ諸国の分断を招いた。

2017年6月には、隣国カタールがイランに接近したとして、サウジはアラブ首長国連邦（UAE）やバーレーン、エジプトとともに断交に踏み切り、経済封鎖を行った。だが結果は、元々はイランよりサウジに近かったカタールが、イランとの関係を強化するという裏目に出ている。

中東ではシリアとイエメンのほか、レバノンとイラクでもイランと関係の深い勢力が影響力を持つ。アラブ諸国、そしてイスラム教多数派のスンニ派の盟主を自任するサウジ。だがサウジの影響圏の周辺では、イランの影響力が強まる一方だった。

敵の敵を味方にしたトランプ外交

焦るサウジに、急接近したのが誕生したばかりのトランプ政権だ。

元々トランプは2017年1月の大統領就任前からオバマ前政権が結んだイランとの核合意を批判していた。

トランプがやり玉に挙げたのはオバマ政権が、2015年に米英仏独ロ中の6カ国と、イランの核開発を大幅に制限する見返りに、イランへの経済制裁を緩和する核合意を結ぶイラン宥和政策だった。結果、イランのプレゼンスは増し、オバマ政権時代のサウジはアラブ社会でのプレゼンスを喪失していたのである。

ところがトランプが大統領に就任後、トランプ政権はイランと新たな核合意を取りつけるために、イランへの経済制裁を復活させた。イラン産原油の輸入を完全に停止するよう同盟国に求め、イラン産原油の取引量を減らしたり、輸入を止めたりする国が増えていったのだ。

トランプはイスラム教徒に対する差別的な発言をしたり、一部アラブ国籍者の入国禁止措置を講じたりしたが、サウジは黙認。トランプは２０１７年5月、初めての外遊先にサウジを選ぶ。その外遊中、サウジは米国と計１１００億ドル（約12兆円）に及ぶ巨額の武器購入契約を結び、アメリカの利益にこだわる「ビジネスマン」トランプを喜ばせた。

対イラク外交を強硬化しながらサウジとの関係をオバマ前に回復。同時にイスラエルに急接近する。

２０１７年12月6日、トランプはイスラエルの首都を、エルサレムであるとして、アメリカ大使館をエルサレムに移した。アメリカの歴代政権の政策を転換したのである。

日本人は中東とヨーロッパ、アフリカの関係を、独立した別の存在のようにみる傾向が強い。あたかも旅行のカタログ・パンフレットが中東、ヨーロッパ、アフリカで別になっているがごときだ。しかし、この3つの大陸を結ぶ地中海の大きさは、日本列島が入る程度である。

また、多くの日本人にとってキリスト教、イスラム教、ユダヤ教はすべて違う宗教のように見えるかも知れない。しかし、3つの宗教の「神」はすべて同じだ。

その3つの宗教の聖地こそエルサレムである。エルサレムを「首都」として認めると、ユダヤ教のイスラエルが「聖地」を占有したということになる。混乱は必至だからこそ国際社会が「テルアビブ」を首都としていたのだ。

ところが混乱は起きなかった。2018年4月2日には、ムハンマド皇太子が米誌アトランティックのインタビューで、

「イスラエルの人々は自国の土地で平和に暮らす権利がある」

と踏み込んだ発言をした。アラブ諸国の多くが敵対するイスラエルの存在を容認したと受け取れる発言は、内外に大きな波紋を呼んだ。

さらにトランプは2018年5月8日、「イラン核合意」から離脱。イランに対してより強硬な政策を展開した。

サウジ政府は否定するが、サウジがイスラエルと接触しているとの情報は2017年以降、度々報じられている。「対イラン」でサウジとトランプ政権、イスラエルの関係が強化されたということだ。

イランを唯一の「敵」として、敵の敵は味方というトランプ政権の外交戦略によって、

中東は再び安定を取り戻す。さらに、2020年8月13日には、トランプの仲介によってUAEとイスラエルは国交を正常化する「アブラハム合意」を締結した。

トランプ政権の中東外交は、アメリカはあくまで中東のバックアップ役で、中東のことは中東でという姿勢である。同盟であるクルド人を見捨ててもシリアから撤退するのがその証左だ。だからアメリカ－サウジ－イスラエルを軸にして「対イラン」の構図を作り上げたのである。

このことで中東は安定したが長くは続かなかった。2020年のアメリカ大統領選挙を経て、2021年に民主党、バイデン政権が誕生したからである。

大空転したバイデン外交

バイデン政権の誕生での最大の懸念だったのが、アメリカとアラブの関係悪化だった。なぜならバイデンが、2020年大統領選挙でイランとの核合意復帰を公約としていたからだ。

これはトランプ政権のイラン強硬政策から、オバマ政権のイラン懐柔政策に再転換するということだ。前述したようにトランプ政権が「敵の敵は味方」の論理で安定させていた図式を、再び混乱に戻すということだ。

バイデン政権もそのことは予測していた。そこで「アブラハム合意」と同様に、サウジアラビアとイスラエルの国交正常化を模索した。

ところが状況を逆に悪化させたのが、「サウジアラビア人記者ジャマル・カショギ殺害事件」に対するバイデン大統領の発言だ。アメリカ在住のカショギはサウジアラビアに批判的な立場だったが、2018年10月、トルコのイスタンブールのサウジ領事館でサウジの工作員に殺害された。

2021年2月26日、バイデン政権はムハンマド皇太子が「拘束または殺害する作戦を承認した」との情報機関の報告書を公表。さらに同日にはバイデンが、事実上の「王」であるムハンマド皇太子ではなく、父のサルマン国王と協議する考えを示し、「彼らに人権侵害の責任を負わせる。私たちと関係を望むなら、人権侵害に対処しなければならない」

と強調した。また報告書公表を受け、バイデン政権は皇太子の警護隊などを、資金凍結を含む制裁対象に指定。サウジ人76人にアメリカ入国ビザ発給を制限するとした。

ムハンマド皇太子に制裁を科していないものの、事実上の「王」を侮辱したということになる。この遺恨は2024年3月現在も色濃く残っており、アメリカとサウジは表向きは平和的関係であるが、まともな話し合いもできない状態になってしまっている。

バイデンは大統領就任直後から公約通りに「核合意復帰」に向けて動いたものの、イランとの間で核合意は空転した。2022年12月20日には、イラン核合意の再建交渉について問われたバイデン米大統領本人が、

「『交渉は』すでに死んでいるが、我々はそれをアナウンスしていない」

という身も蓋もない発言をした動画がTwitterで拡散する始末だ（次ページ写真「イラン核合意は『死んだ』と発言」参照）。

この外交的失敗の裏側ではロシア、中国、北朝鮮、イランなどを中心とした反米同志国が連携を深めていっている。

例えばウクライナ戦争を通じてイランはロシアとの関係をさらに深化させた。というのは、ロシアに武器を公然と提供しているからだ。

その代表格とも言えるのがイラン製ドローンのシャヘドだ。中国、欧州、アメリカで製造された市販性電子部品を使用し、1機2万〜4万ドル（約300万〜400万円）。20

イラン核合意は「死んだ」と発言

（Twitter アカウント　@DamonMaghsoudi
午後 3:16・2022 年 12 月 20 日より）

23年冬、ロシアはミサイルとシャヘドによってウクライナの変圧器や変電所などエネルギーインフラを攻撃。寒さでウクライナ人の心を折る戦術で、2024年の冬も同様の攻撃を繰り返している。

イランに対する宥和政策を選択したバイデン外交は、失敗だった。なぜならウクライナで戦争が起こったどころか、イスラエルが戦争状態を宣言してしまう事態を生んだからだ。

イスラエルとパレスチナ建国

パレスチナのテロ組織「ハマス」がイスラエルを攻撃したのは、2023年10月7日のことだった。

700人以上の死者を出す攻撃に対して、イスラエル政府は「我々は戦争状態にある」と宣言。ハマスの背後にイランが存在していることからシリアを攻撃した。またイスラエル北部では、ヒズボラとの戦闘が散発的に起こった。

ハマスとイスラエルの関係を理解するために、イスラエルの建国史を簡単に整理していこう。

19世紀から20世紀にかけてヨーロッパの広い範囲でユダヤ人の迫害運動が起こった。特にロシア帝国ではポログムと呼ばれる過激な迫害が頻発。またナチス政権のドイツではホロコーストが行われる。

この結果、ユダヤ人の間で自分たちの国を建国しようという「シオニズム運動」が芽生える。シオニストがパレスチナを実効支配し、1948年に建国したのがイスラエルだ。

元々住んでいたパレスチナ人にしてみれば、いきなりユダヤ人が「国家」を作ったのだから、当然のように抵抗した。

その抵抗の中心勢力がヤセル・アラファトが率いたPLO（パレスチナ解放機構）だ。PLOは1960年代から武装闘争に入り、イスラエルとPLOは血で血を洗う戦いを繰り広げる。

70年代に入るとPLOは域外でテロ行為を進発するようになった。

1972年5月には、テルアビブのロッド国際空港（現ベン・グリオン国際空港）でPLO反主流派「パレスチナ解放人民戦線」（PFLP）と「日本赤軍」が連携して銃乱射事件を引き起こす。この事件で26人が死亡した。

また、PFLP系武装組織「黒い9月（ブラック・セプテンバー）」は、同じ72年9月、西ドイツ（当時）のミュンヘンにおいて、オリンピック選手村のイスラエル選手団宿舎を襲撃。同選手団11人を含む12人が死亡した。

それでもPLOが存続したのは中東全体が宗派などの垣根を越えて反イスラエルでまとまっていたからだ。

例えばかつてはイスラエルに入国する際、パスポートの入国スタンプを別の紙に押すことが常態化していた。アラブ諸国に再入国する際に面倒になるからで、ほとんどの人がイスラエルに用事がある時には「別紙スタンプ」を利用していたほど嫌イスラエル感情はアラブ社会にまん延していたのだ。

イスラエル－PLO間の関係が転換するきっかけになったのが、1990年の湾岸戦争である。

PLOを物心両面からサポートしていたサダム・フセイン率いるイラクの敗北をきっかけに産油国からの支援を打ち切られ、PLOは資金的に困窮。アラファトはイスラエルとの対話路線に転向し、1993年にオスロ合意を締結し和平へと舵を切った。

こうしてパレスチナ国が建国され、アラファトは初代大統領に就任する。

そのパレスチナ国はヨルダン川西岸地区とガザ地区から成る。ガザ地区の面積は365

㎢で全体の6％程度だが、人口は全体の38％。ヨルダン川西岸地区はパレスチナ自治政府の様々な機関が置かれており、首都がある。

西岸地区の総面積は5660㎢で大きく3つに区分けされている。

・A地区　パレスチナ政府が行政権などすべてを掌握。面積は西岸地区のうち18％の約1018㎢。

・B地区　イスラエル軍が警察権を握っているが行政権はパレスチナ政府が保有。面積は西岸地区の21％の約1188㎢。

・C地区　イスラエル軍が行政権などすべてを掌握。面積は西岸地区の61％で約3452㎢。

2004年11月11日、アラファトが死亡すると、つかの間の平和は崩壊する。リーダー不在の中で上述した3つの地区によって構成される歪なパレスチナで影響力を拡大していったのがガザ地区に拠点を置く「ハマス」だ。

バイデン外交の失政

さてここまで理解すると、「ハマスによるイスラエル攻撃は両者の遺恨によるもので、バイデン外交は無関係ではないか」と思う人もいるかも知れない。だがこれは正確ではない。

なぜなら一連の反イスラエル運動の背後にはイランが存在するからである。アラファトの死後、中東社会で反イスラエル勢力、あるいは反米勢力を支援した中心国がイランだ。前述したようにトランプ外交ではイランのプレゼンスを低下させることに成功していたが、宥和政策をとったバイデン外交によってイランのプレゼンスが上がってしまったのだ。

ハマスはイスラエルの破壊を公言し、実践してきた。しかしイスラエル軍がハマスを標的にしたのは攻撃を受けた場合か、イスラエルにトンネルを掘るなどしてイスラエルの安全保障が脅かされた場合に限定されていた。

２００５年にイスラエルはガザ地区を統治することは不可能と判断。入植したイスラエル人を引き上げさせた。2007年にガザ地区周辺にイスラエルが壁を設置したことで、ガザ地区は「空のある監獄」と呼ばれる。

ハマスが本格的に台頭するのは「壁」の建設と同時で、パレスチナ国とも対立しガザ地区を武力制圧してしまう。

ところが最近、イスラエルはガザ地区に対する貿易制限を緩和し、水や医薬品、燃料の供給を認めていた。住民を懐柔することでハマスの影響力を減じようとしたからである。結局のところ「飴とムチ」の「飴」はハマスにまったく機能しなかった。

イスラエル－ハマス戦争は外交と安全保障の両方にさらなる問題を投げかけている。まずは外交面での問題を整理していきたい。

今回の戦争を奇貨として、プーチン大統領が猛烈な勢いで積極的に外交を行う。

2023年10月16日にはイスラエルのネタニヤフ首相、イランのライシ大統領、シリアのアサド大統領、パレスチナ自治政府のアッバス議長、エジプトのシシ大統領と電話会談。民間人に対するいかなる暴力も容認できないと表明した。

さらに国連を舞台に、ガザ地区の停戦を巡る争いも起こっている。

2023年10月27日の第10回国際連合緊急特別総会において、UAE（アラブ首長国連邦）が提出した国際連合総会決議が採択された。これは、パレスチナ・イスラエル戦争におけるイスラエルの行動を非難し、「即時かつ持続的な」人道的休戦と戦闘行為の停止を求める決議である。

中国・ロシア・北朝鮮・フランスをはじめとする121カ国が賛成、アメリカなど14カ国が反対、日本・イギリス・ドイツなどが棄権した。ただしこの決議は法的拘束力がない。

同年11月14日にプーチン大統領は再びエジプトのシシ大統領と電話会談。さらに翌月の同年12月6日には大統領自ら中東を訪れ、リヤドでサウジアラビアのムハンマド皇太子とアブダビでUAEのムハンマド大統領と会談。さらに翌日の同月7日にはモスクワでイランのライシ大統領と会談した。

プーチン大統領は、中東に平和が実現していないのはアメリカのせいだと非難している。この指摘にいくつかの開発国が賛意を示す。ウクライナやウイグルでは「人権」を尊重する一方で、イスラエルのガザ攻撃に対しては黙認するというアメリカの外交姿勢に、「ダブル・スタンダード（二重基準）」という声が国際社会で大きくなった。

迎えた同年12月8日、国連安全保障理事会はガザ地区での人道目的の即時停戦を求める決議案の採決を行う。しかし、常任理事国のアメリカが「非現実的で不十分だった」と拒否権を行使したため、決議案は否決された。イギリスは採決を棄権。その他の13カ国は賛成票を投じた。

2024年1月28日、アメリカ、イスラエル、カタール、エジプト各国高官による停戦についての4者協議がヨーロッパで開催されたものの、本稿執筆時点で終わりの見えない状況となっている。

停戦のイニシアチブを米ロが激しく奪い合っている状況だ。

この混沌の中で、独りプーチン大統領がプレゼンスを上げることに成功しているのだから、敵ながらその賢明な頭脳には感心せざるを得ない。

権威主義国が構築した武器のサプライチェーン

もう一つの問題は、アメリカ、イギリスを中心としたG7と対立するロシア、中国、北朝鮮、イランなどの同志国の連携が強化されてしまっていることだ。それを如実に示すのが兵器のサプライチェーンである。

2024年1月8日、韓国の国家情報院はハマスが、北朝鮮から供与された武器をイスラエルに対して使用しているという分析を明らかにした。国家情報院は北朝鮮が武器を提供した量や時期について、具体的な証拠を収集していると説明している。

注意したいのは供与した時期だ。攻撃開始直前に供与したというよりも、90年代ぐらいから北朝鮮がハマスだけではなく、イランやヒズボラなどに色々な武器を供与していた可能性がある。

中東と北朝鮮の関係は長い。1973年からの第4次中東戦争では、北朝鮮がミグ戦闘機のパイロットをエジプトやシリアに送って支援している。またハマスは北朝鮮製対戦車火器、RPG－7を分解して違う部品を組み込んで使用していたという。

こんなことは今すぐできることではなく、両者の関係がかなり以前からあったことを示している。北朝鮮は中東に武器などを含めた戦争のサービスを提供しており、お金と戦闘データを回収しているということもあった。

また北朝鮮はロシアに、短距離弾道ミサイルKN23を提供。ロシアがウクライナでそれを使用したとアメリカ当局は発表している。

KN23はロシア製短距離弾道ミサイル「イスカンデル」をベースにして北朝鮮が内製化した。ロシアはウクライナに対する攻撃で「イスカンデル」の在庫が枯渇。北朝鮮→ロシ

バイデン外交の失敗で3正面に拡大

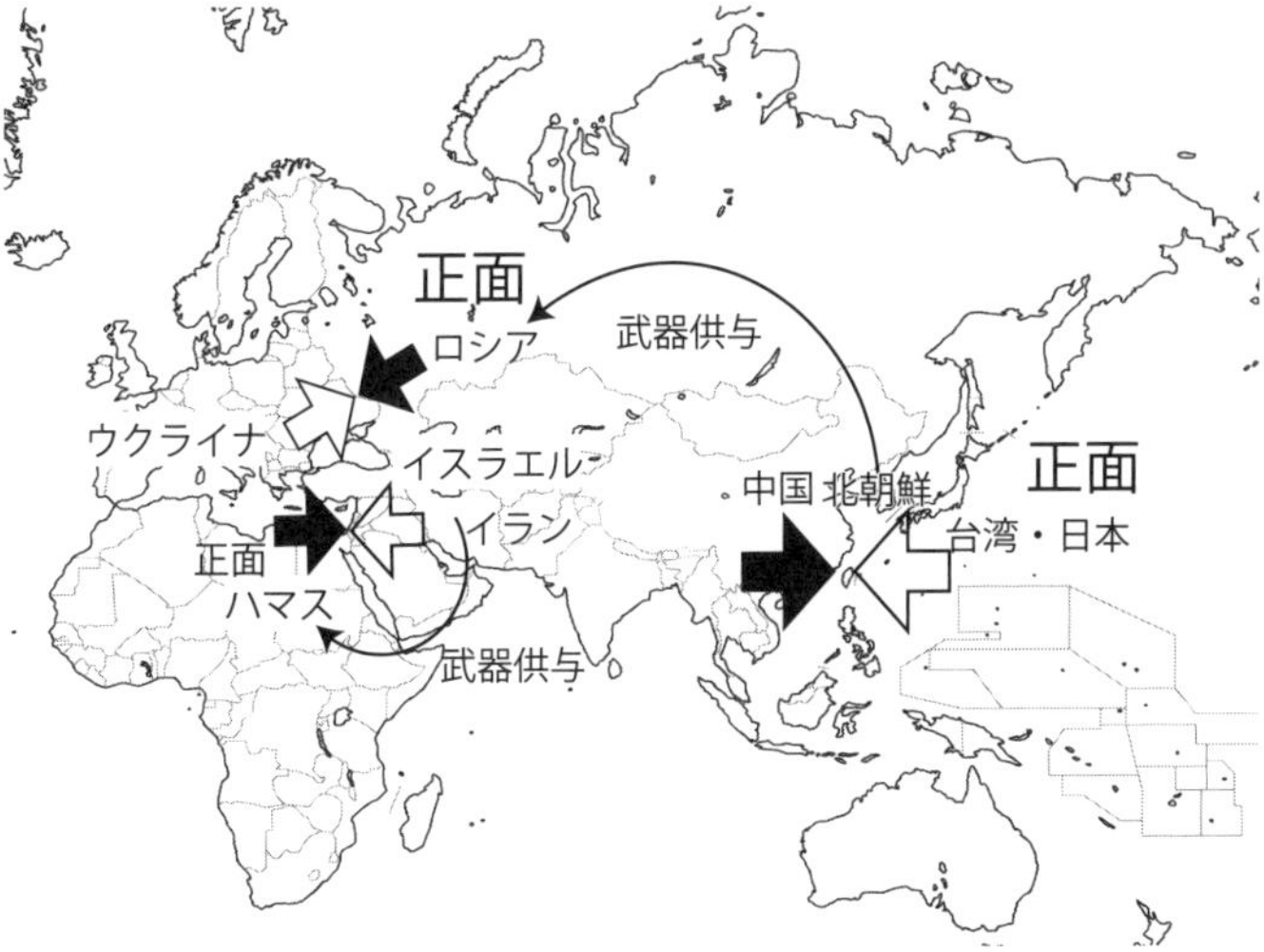

アの武器サプライチェーンが強化されてしまった。何より兵器のアップデートに実戦データは不可欠で、ロシアが使用することで北朝鮮は実戦データを入手できることになる。

武器取引は安保理決議違反だが、これ以上ないほど制裁を科されている北朝鮮にとって違反が与えるダメージは少ない。代替生産地としては最適で、あらゆる意味で深刻な事態と言えるだろう。

このように整理していくとバイデン外交は台湾・日本と中国の1正面しか存在しない世界を目指したが、3つの「正面」に拡大することになってしまったことがわかるだろう（前ページ図「バイデン外交の失敗で3正面に拡大」）。

まさに失敗である。

さらに正面が拡大することで喜ぶのが中国、ロシア、イラン、北朝鮮の反米同志連合だ。G7を中心とした西側はこれを抑止しなければならない。

すなわち自衛隊や防衛産業などを含む、総体としての日本の国防は、日本だけを守ればよいという状況ではなくなってしまった。国際社会への対応を余儀なくされるわけで、必然的に変化しなければならない。後述するアメリカへのPAC3逆輸出などは、その典型例である。

「赤い同志国」の内政は強固

アメリカ大統領選は前述したように、本書を執筆している2024年3月段階ではトランプやや優性という予測になっている。ただしトランプ、バイデンの支持が拮抗していることは間違いない。

トランプが勝てば前述の恩赦の問題などもあって国内はしばらく混乱する。バイデンも大統領選に向けて内政ポイントを稼がなければならず、勝ってもしばらく外交より内政にフォーカスすることになるだろう。

つまり大統領選に向けてアメリカ外交は硬直化するばかりか、2025年を過ぎてもほとんど動かなくなる可能性が高いということだ。

対する日本だが、自民党は2024年9月に総裁選を控えている。与党・自民党の総裁は総理なのだから、総裁選までに解散、総選挙を行うのが通常だ。ところが現政権の支持率は低空のままで、残念ながら浮上する材料も乏しい。

こうなると日本も内政に特化せざるを得なくなるということで日米外交の空転が懸念されている。

対してロシア、中国、そして北朝鮮という権威主義国は、当然のことながら強固な内政によって政権が支えられている。

2024年3月15日から17日までロシアでは大統領選が行われた。ウラジーミル・プーチン大統領が再出馬と圧選はほぼ確実である。その根拠は圧倒的な支持率だ。

ロシアの独立系調査機関レバダセンターが2022年3月に実施した調査では、プーチン大統領の支持率は83％となった。逆らう者に対する粛清が強化されたウクライナ侵攻後は8割を維持している。

特筆すべきは、今回の当選でプーチンがロシアの「永世大統領」となることだ。

プーチンが初めて大統領に就任した2000年当時、ロシアの憲法で大統領の任期は4年で、3選禁止となっていた。プーチンは憲法に従い、2008年5月7日に大統領を退任する。ところが翌日の8日には首相に就任し、傀儡政権を構築。その間に憲法改正を行い、ロシアの大統領の任期は6年に延長されることになった。

2012年の大統領選で圧勝したプーチンは同年5月7日に、大統領に再任。本来であれば2024年に任期終了となるはずだったが2020年に憲法を改正し、過去の任期をリセットして二期12年の任期延長を可能にした。

2024年の選挙に勝てばプーチンは83歳になる2036年まで大統領を務めることが可能になっている。

まさに「独裁者」で、その独裁者の国は核兵器を保有して日本の隣にあるのだ。

モノ申せるのは妻だけ

強固な独裁体制を構築しているのは中国も同様だ。

中国の習近平は2022年10月22日からの第20回中国共産党大会で、異例ともいえる三期目の国家主席就任が確定した。

しかもこの大会では異様な事件が起こる。

大会には前国家主席・胡錦濤も出席していたが、習近平の指示によって、胡錦濤が両脇を抱えられて議場から強制退場させられてしまったのだ（次ページ写真「胡錦濤退席の場面」参照）。

中国側は「退席」の理由を「体調不良」としたが、映像に残った胡錦濤の足取りはしっかりしていた。退場の理由は、胡錦濤が、2012年に当時最年少で政治局委員となった胡春華（副首相）の不選任と降格に異議を唱えようとしたからだとされている。

この一件が示すのは、習近平が反習近平派を一掃したということだ。

これまで中国共産党の支配体制は大きく①江沢民派、②共青団、③習近平派の3つの派

胡錦濤氏退席の場面

（左から習近平・胡錦濤・栗戦書・王滬寧）

閥に分かれる集団指導体制となっていた。江沢民派、共青団の特徴は、以下のようなものである。

①江沢民派　鄧小平は江沢民、胡錦濤を後継指名していて、国有企業以外の中国国内企業に大きな影響力を持っていたのが江沢民派である。経済成長や近代化の原動力となっていたテック系企業などの新興企業は、事実上、江沢民派が支配していたことから、経済の中心地をもじって「上海派」とも呼ばれる。

②共青団　中国共産主義青年団を略した共青団は優秀な成績で大学を卒業したエリート層が中心になった勢力で、権力中枢以外の行政機関に強い影響力を持っていった。単純に「団派」とも呼ばれ、旧来の中国共産党的な価値観ではなく、欧米の価値観を積極的に取り入れる傾向が強く、対外融和的なリベラル色の強い勢力性格を持っている。

習近平派のライバルは①の江沢民派で、就任当初は②共青団とは共闘関係にあった。2012年に中国共産党書記長に就任した習近平は、「トラもハエもたたく」と宣言し、党、軍や政府の上層部から末端まで汚職を摘発する「反腐敗闘争」を推進。この「反腐敗運動」を通じて江沢民派ばかりか共青団を粛清し、中国共産党内部の政治権力の版図を塗り替えていったのである。

共青団出身のホープと呼ばれた胡春華はポスト習近平とも呼ばれた人物だったが、この人事で江沢民派、共青団の閥が閉ざされ、いわゆる民主派は不在となった。もはや、「習近平にモノを申せるのは嫁さんだけだ」という冗談があるほどの強力な支配構造となっている。

台湾侵攻の根拠

実はこのことが習近平の台湾侵攻の野望が潰えていないことを顕著に示している。

かつて鄧小平は後に国家主席となる江沢民、胡錦濤を自身の配下に置いていた。ところが現在の習近平体制には2番目、3番目がいない。いるのはトップ、習近平国家主席ただ1人である。

3期目の国家主席も中国では異例だが、習近平はさらに「永世皇帝」を目指しているとされる。

中国の国家主席の任期は「2期10年まで」だったが、2018年3月5日からの全国人民代表大会（全人代）で、この条文を削除する改正案が承認されたからだ。改正が習近平の意向を反映したものであることは言うまでもない。

また、この時の全人代では条文削除と同時に、加筆も行われた。それが、「習近平の新時代の中国の特色ある社会主義思想」という一文だ。現在の「中国共産党規約（総則）」にこうある。

〈中国共産党はマルクス・レーニン主義、毛沢東思想、鄧小平理論と「三つの代表」という重要な思想をみずからの行動の指針とする〉

習近平の野望は、ここに「習近平思想」を書き加え「四つの代表」と明記することだ。

また、憲法にもシンプルに「習近平思想」と明記することである。まさに「皇帝」である。

そう考える根拠は、すでにミッションが始まっているからだ。

2021年8月25日、中国の教育省は「習近平思想」を国家の教育課程に取り入れる新指針を発表。憲法に明記した「習近平の新時代の中国の特色ある社会主義思想」について、小学校から大学までの教育課程で教えていくことが決まった。

さながら「赤い遺伝子」の人民への注入である。第4期目国家主席選任を盤石のものにするために是が非でも手に入れたいのが台湾、そして日本だ。

なぜなら、これまで習近平国家主席は中国の歴史を力によって逆側に修正しているからである。

その好例が2020年6月30日に施行された「香港国家安全維持法」による、事実上の一国二制度廃止だ。ご存じのように香港は、1840年に勃発した中国とイギリスとのアヘン戦争の結果、42年に締結された南京条約によってイギリスに割譲された。「香港国家安全維持法」によって習政権は、アヘン戦争の前まで中国を戻したということだ。

これが3期目選出の手土産となっている。残っている課題は何かを考えれば、日清戦争によって日本に奪われたと中国政府が思い込んでいる「尖閣諸島」、そして「台湾島」だ。現在の中国の憲法では習近平に次の任期が来るのは2027年。その日の手土産として是が非でも欲しいのが「台湾島」か「尖閣諸島」だ。

Xデーがいつになるのかは予測困難だが、少なくとも中国は2034年くらいまでは習近平独裁体制下で大幅な軍事力の強化が成されることは間違いない。

「朝鮮の新星」女将軍

暴力団に例えれば北朝鮮は中国やロシアの弟分のチンピラだ。国連決議などお構いなしに核実験や弾道ミサイルを発射して暴れるチンピラを兄貴が手懐けて、国連でのプレゼンスを上げるネタは伝統芸能となっている。

２０２４年１月８日で金正恩総書記は40歳になった。最高指導者に就任したのが２０１１年12月17日ということで、２０２４年３月時点で約12年経ったことになる。

その間に約１８０発のミサイルを発射した。ちなみに父・金日成《キム・イルソン》は、存命中たった16発しか発射していない。健康状態に問題がなければ金正恩時代はあと40年ほど続くことになる。

ところが北朝鮮では、早くも後継者候補が急浮上した。その人物こそ金正恩総書記の実娘である金主愛《キムジュエ》だ。２０１３年生まれと考えられているので２０２４年２月時点の年齢は10歳前後である。

これまで北朝鮮メディアは金主愛の敬称を「愛するお子様」、「尊貴なお子様」、「尊敬するお子様」としてきた。この敬称の変化が意味するのは「格上げ」である。２０２３年11月23日の軍事偵察衛星・万里鏡《マンリギョン》１号の打ち上げ成功の記念講演には、父・金正恩総書記の真後ろに寄り添い、母・李雪主《リ・ソルジュ》より前に歩いて登場。その記念講演で、金主愛が、「朝鮮の新星」女将軍

金主愛

（右・金主愛氏、左・金正恩氏　朝鮮中央通信より）

という敬称で呼ばれたことが報じられた。北朝鮮の指導者は金日成を始祖とする「白頭山の血統」に連なる人物が占める。その中でも、

金日成は「朝鮮の新星」

金正日《キム・ジョンイル》は「新星将軍」

と、いう敬称で呼ばれた。金主愛には両方のいいところを合成した呼称が与えられたことから、現在のところ後継者候補ナンバーワンとして急浮上したのである。

２０２３年11月30日に金正恩総書記と空軍司令部を訪れた際には、父と酷似した服装、サングラスを着用している。

この意図は「偶像化」、「神格化」である。

始祖・金日成は抗日パルチザン活動と「建国」という伝説を持つ。子である金正日はともかく、孫に当たる金正恩になると「伝説」が風化するのは当然だ。

何より金正恩の母は、父・金正日から「あゆみ」と呼ばれて寵愛を受けた大阪出身の在日朝鮮人。金正恩本人も寿司が好物で、日本文化に囲まれて育った。12歳でスイスに留学し、4年間をヨーロッパで過ごす。朝鮮語のほかに英語・中国語・ドイツ語・フランス語を話すとされる。

この経歴だけ見れば「革命の血族の末裔」というよりは、エリート・ビジネスマンのそれである。

そこで最高指導者就任に向けて、祖父・金日成を思わせる体型に変え、整形をしたという話まである。金主愛の代ではさらに「伝説の風化」が進む。若年である現在のうちから「伝説」を積み上げていかなければならない。

北朝鮮も、中国もロシアも、この先、安定した独裁者体制が続く可能性は極めて高い。内政が不安定な民主主義国家群に対して、盤石の基盤を構築した権威主義国家群という構図で、両者の摩擦はますます強くなるということだ。

一度、戦争が始まれば、悲惨な結果になるのは目に見えている。ウクライナ侵攻では、ウクライナの高級住宅地のブチャで一般市民が虐殺された。またイスラエル－ハマス戦争においてはガザが廃墟と化している。富裕層が住み、高級車が行き交っていた姿など思い描くこともできない。

戦争は絶対に起こしてはならないのだ。そのためには外交が極めて重要で、並行して防衛力をしっかり整えて抑止力を上げることが重要になる。

すなわち戦争を起こさせないための一翼を担うのが自衛隊ということだ。

第3章

令和の自衛隊像

大改造を余儀なくされる防衛

いよいよ「令和の自衛隊」に踏み込んでいくが、前章までに解説したことを簡単にまとめたい。

バイデン政権による対中国の1正面外交・安全保障戦略が逆効果となって、2024年の世界は台湾海峡、ウクライナ、イスラエルの3正面が出来上がってしまった。「正面」は局所的には留まらないので①極東、②ヨーロッパ、③中東と広範囲でリスクが上昇している。

ところが政権が不安定な民主主義国家群に対して、権威主義国家群は盤石の体制を構築した。「外交は内政の延長」ということから民主主義国家群は内政を安定させようと内向きに、権威主義国家群は外向きになる。

一見、平和に見える日本の置かれた立場は、考えているより遥かに脆弱で危機的だ。

外交・安全保障の第一義は「戦争を起こさせないこと」である。3正面と民主主義国家群の現状から考えれば、権威主義国家群は「軍事行使をしてもいい」と思い込みがちだ。

そのような間違った決断をさせないための最大のキーが「多面的な抑止力の拡大」である。

これまで自衛隊の装備は戦車、火器、護衛艦、戦闘機など直接戦闘用のものを「正面装備」。弾薬、ミサイル、燃料、通信機器、施設などの作戦実施の基盤を「後方装備」と2分割にしていた。防衛予算が極めて限定的であることも手伝って、どうしても正面装備の拡充に向かう傾向が強かった。

ところが現在はただ正面・後方の装備を積み上げれば、比例して抑止力が拡大するという状況ではなくなってしまっている。ここまでの章で触れたように、現代の戦争では認知領域やサイバー空間、さらには宇宙空間、電磁波領域という戦域に組み込まれるようになったからだ。

しかもこれらの新戦域は、まだ武力行使が行われていないにもかかわらず、戦争が始まっている「グレーゾーン戦域」で、平時からアクティブに防衛しなければならない。

ここに加わるのが経済安全保障という、新たな安全保障だ。

ウクライナ戦争でも明らかなように攻撃の重要な一翼をドローンが占めるようになっている。民間技術の軍用移転であるドローンに象徴されるように、軍民の境界線が極めて曖味になっている。

特にＡＩ（人工知能）や量子コンピュータなどの最新鋭技術や次世代技術は、これまでの防衛産業だけで抑止力に転用することはできない。

すなわち現在の「抑止力の拡大」は極めて広大な範囲で、民間技術を転用させなければ行えないということだ。これはこれまでの「自衛隊」にはない能力ということで、まったく新たな「自衛隊」が再構築されているのが「今」だ。

そこで「新たな自衛隊」がどのようなものかを解説していきたい。

改定・安保3文書が示す「新自衛隊」

「新たな自衛隊」がどのようなものか——それを示すのが短期・中長期的に外交・安全保障の目指す姿を示す土台「安全保障3文書」である。２０２２年12月16日に、「改定」が閣議決定した「安保3文書」とは、

1. 国家安全保障戦略
2. 国家防衛戦略

3. 防衛力整備計画

からなる。次ページの図「安保3文書の概要」にまとめた。3文書のうち最上位文書に位置するのが「1. 国家安全保障戦略」だが、次々ページ図「国家安全保障戦略のアプローチ」にまとめた。

最大の注目点は改定によって「反撃能力の保有」が宣言された点だ。「反撃能力」についての私見は後述する。

図「国家安全保障戦略のアプローチ」中の語彙を補足するとスタンド・オフ防衛能力とは、相手の射程外からの長距離攻撃能力のこと。また、無人アセットとは陸・海・空・サイバー・宇宙を含めてAIなどを活用して「無人」で防衛を行うシステムのことである。能動的な盾の能力を備えることで、抑止力の大幅向上が期待できる。

この「国家安全保障戦略」を受けて「2. 国家防衛戦略」では10年間の防衛力整備を「5年」を節目にして「2段階」で構想することが記載された。さらに今後5年間の優先課題を、

・現有装備品の最大限活用
・将来の防衛力の中核となる分野の抜本的強化

安保3文書の概要

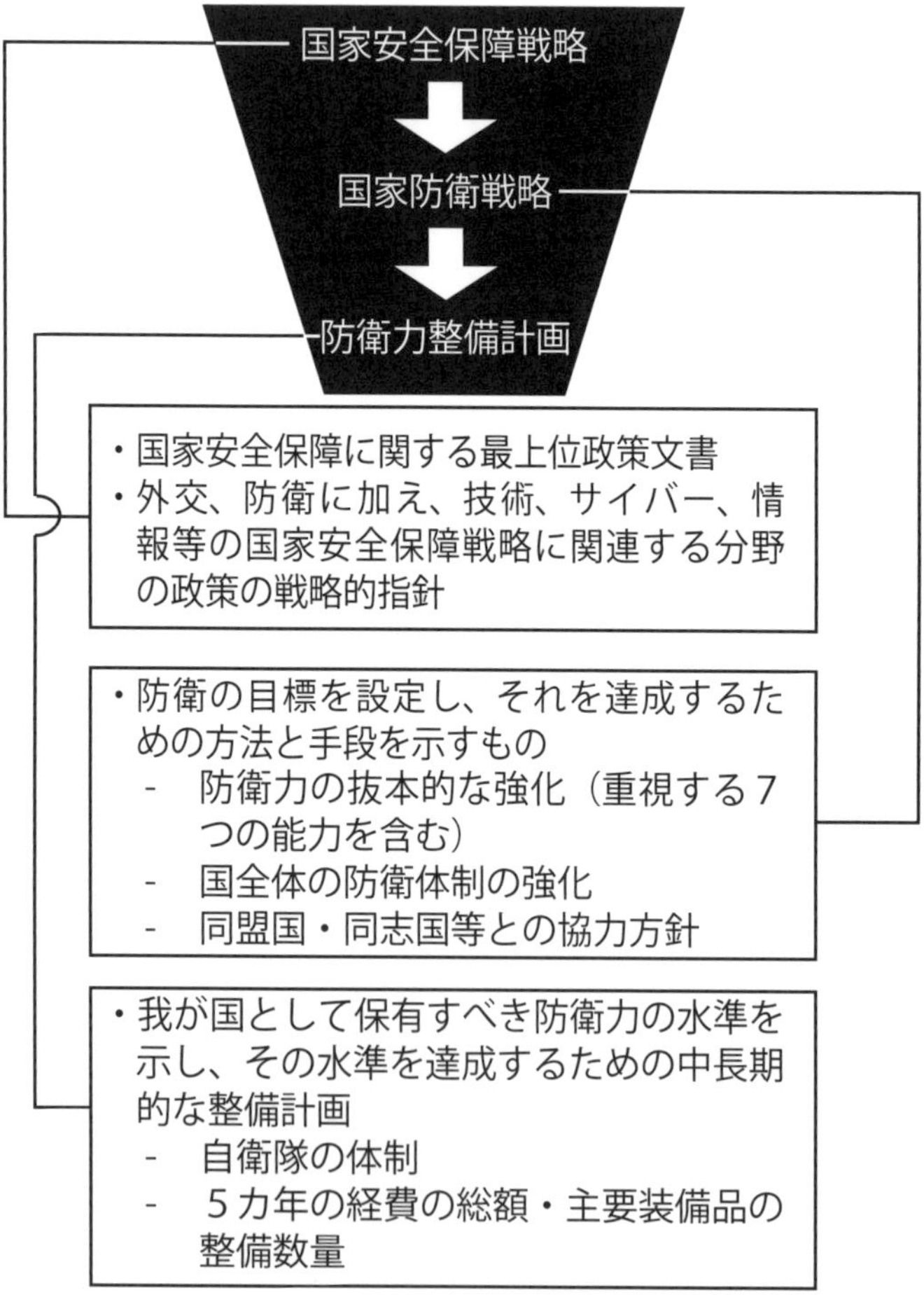
国家安全保障戦略
国家防衛戦略
防衛力整備計画
・国家安全保障に関する最上位政策文書
・外交、防衛に加え、技術、サイバー、情報等の国家安全保障戦略に関連する分野の政策の戦略的指針
・防衛の目標を設定し、それを達成するための方法と手段を示すもの
- 防衛力の抜本的な強化（重視する7つの能力を含む）
- 国全体の防衛体制の強化
- 同盟国・同志国等との協力方針
・我が国として保有すべき防衛力の水準を示し、その水準を達成するための中長期的な整備計画
- 自衛隊の体制
- 5カ年の経費の総額・主要装備品の整備数量

国家安全保障戦略のアプローチ

防衛体制の強化

- ●防衛力の抜本的強化
- ●防衛装備移転三原則・運用指針 など制度の見直し

全方位シームレスの取り組み

- ●米国との協力の深化
- ●サイバー、海洋、宇宙における安全保障
- ●安全保障技術力、情報能力向上
- ●国民保護体制強化

経済安全保障政策

- ●自立性、優位性、不可欠性の確保等
- ●サプライチェーンの強靭化
- ●セキュリティ・クリアランス 情報保全の強化

↓

- ・スタンド・オフ防衛能力、無人アセット防衛能力
- ・反撃能力の保有
- ・予算水準ＧＤＰ比２％
- ・自衛隊と海保の連携強化

としながら、日本への侵攻を阻止・排除する能力確保のために、
・弾薬確保や部品不足解消など「継戦能力」向上
・スタンド・オフ・ミサイルの配備

を目標とした。防衛省は改定から5年間で43兆円規模が必要としている、さらに10年後にはより早期、遠方で侵攻を阻止・排除する能力の保有を目指す。具体的には、
・極超音速誘導弾など先進的な長射程ミサイルの導入
・複数の無人機を同時制御して防衛に活用

とした。

前述したように自衛隊では直接戦闘用の装備を「正面装備」、作戦実施の基盤を「後方装備」を2分割していた。しかし改定された「国家防衛戦略」では、正面と後方の区分を廃した新たな区分が設定されることになった（次ページの下図「令和6年概算要求～分野別内訳～」参照）。さらに重点目標も定められている（次ページ上図「防衛力の抜本的強化の7つの重視分野」参照）。

防衛力の抜本的強化の7つの重視分野

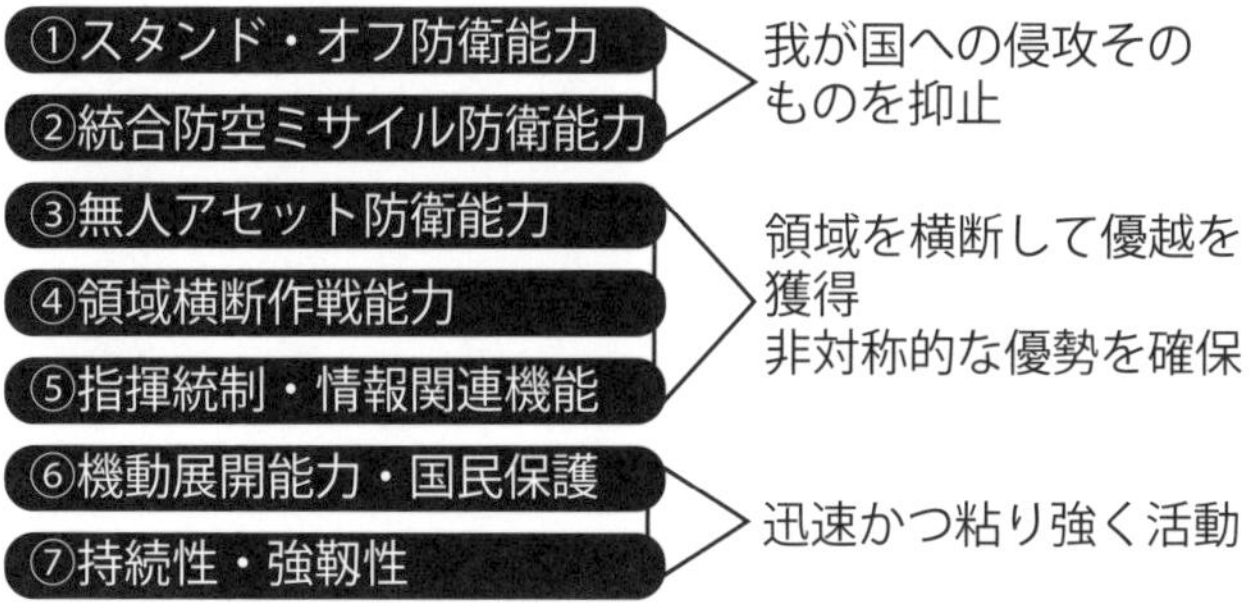

令和6年度概算要求～分野別内訳～（単位：億円）

区分	分野	令和5年度予算（契約ベース）（A）	令和6年度概算要求（契約ベース）（B）	令和5年度予算との比較（B－A）
スタンド・オフ防衛能力		14,130	7,339	△6,791
統合防空ミサイル防衛能力		9,829	12,420	+2591
無人アセット防衛能力		1,791	1,161	△631
領域横断作戦能力	宇宙	1,529	1,145	△384
	サイバー	2,363	2,185	△178
	車両・艦船・航空機等	11,763	13,787	+2,023
指揮統制・情報関連機能		3,053	4,488	+1,435
機動展開能力・国民保護		2,396	5,951	+3,554
持続性・強靱性	弾薬・誘導弾	2,124	4,068	+1,944
	装備品等の維持整備・可動確保	17,930	19,041	+1,111
	施設の強靱化	4,740	8,043	+3,302
防衛生産基盤の強化		972	886	△86
研究開発		2,320	2,321	+1
基地対策		5,149	5,182	+33
教育訓練費、燃料費等		9,437	9,567	+130
合計		89,525	97,582	+8,057

（防衛省「防衛力抜本的強化の進捗と予算」より）

新たな防衛目標

従来の防衛力の3本柱を防衛省は①我が国自身の防衛体制、②日米同盟、③安全保障協力と定義している。ところがクリミア侵攻で解説したように、近代の戦争では新たな戦域が生まれている。改定した安保3文書にも「領域横断作戦能力」など新領域が記載されているのはそのためだ。

ということで自衛隊には新たな防衛力獲得の必要性が生まれた。そうした「新しい事態」に対応した新たな防衛目標達成への3つのアプローチは、

①我が国自身の防衛体制の強化
②日米同盟の抑止力・対処力の強化
③同志国などとの連携の強化

となる。これを図式化したものが次ページの図「防衛目標達成への3つのアプローチ」だ。この図を基に、解説を進めていこう。

まずは「①我が国自身の防衛体制」から整理していきたい。

防衛目標達成への3つのアプローチ

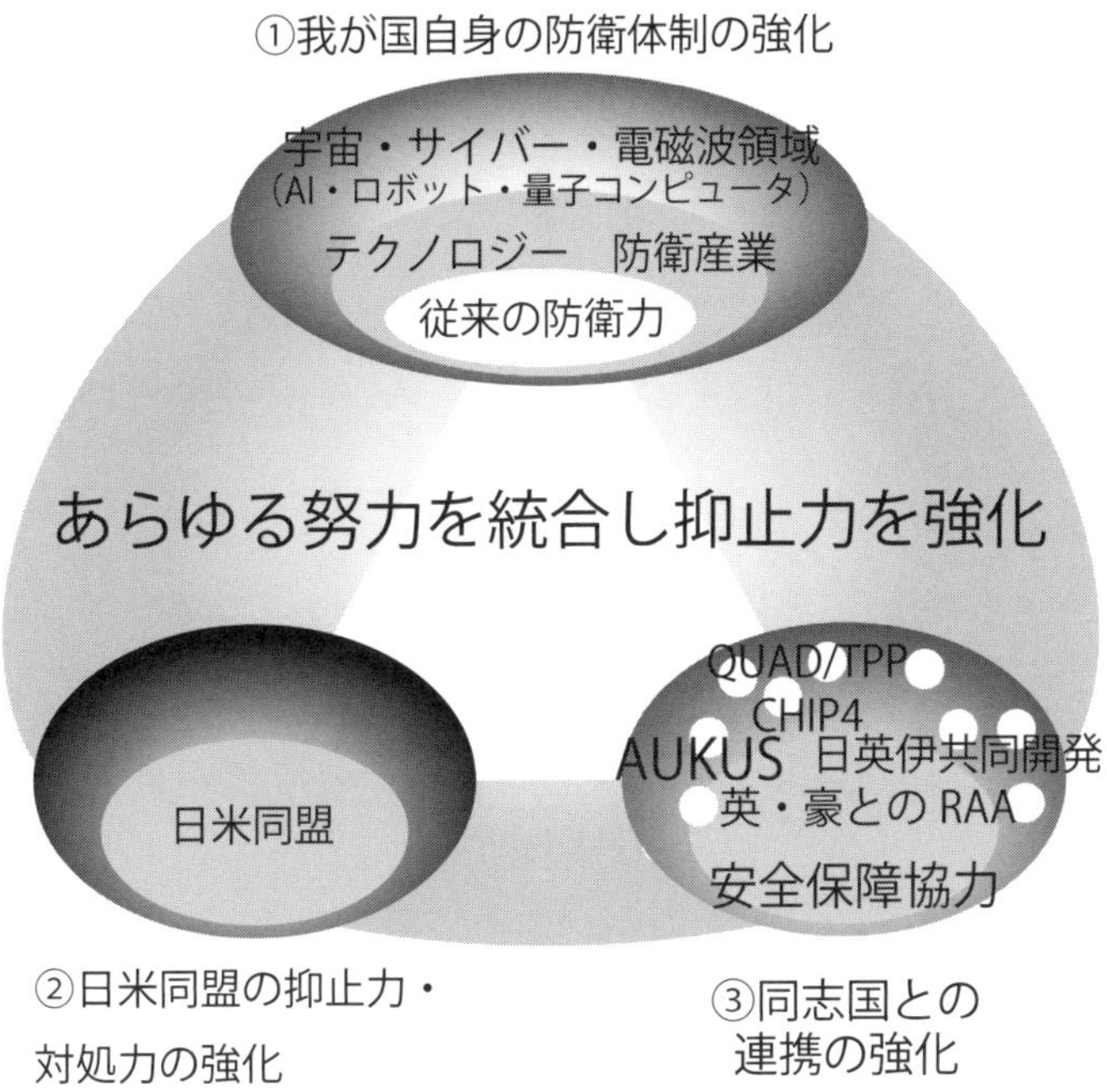

すでに自衛隊は陸・海・空の領域で高いレベルの防衛力を保有している。しかしこの防衛力は「ヒト」が根底を支えていた。ところが2020年のアゼルバイジャンとアルメニアの間で起こった「ナゴルノ・カラバフ紛争」で、この「ヒト」中心の防衛構造に革命が起こる。

この紛争でアゼルバイジャンは古い輸送機を飛ばし途中でパイロットは脱出、無人の輸送機だけがアルメニア側に侵入した。そうとは知らないアルメニア側はレーダーを照射し対空火器で攻撃。そのレーダー波を探知したイスラエル製の「ハーピー徘徊型自爆ドローン」が対空火器を破壊した。

「ハーピー」は、兵士が使用するスマートフォンの電波も探知し自爆攻撃を仕掛けたことから、アルメニア軍はスマートフォンの使用を禁止したという。

自爆型ドローンによって圧倒的な航空優勢を確保したアゼルバイジャンは、トルコ製の「バイラクタルTB2無人偵察・攻撃機」を飛ばして軍用車両や兵士を難なく攻撃した。日本ではあまり報じられなかった遠い国の紛争が、世界の国防関係者に与えた衝撃は大きい。

標的を選択するために特殊部隊を潜入させるなどのインテリジェンスを使い、遠距離から巡航ミサイルでレーダーなどの対空防衛施設を破壊。航空優勢を構築した後、航空機によって重要施設を破壊し、最後に地上部隊を派遣するというのがアメリカのお家芸だ。

ところがアメリカほどの大国ではないアゼルバイジャンが、この戦術を「ドローン」で成し遂げてしまったのである。

ウクライナ侵攻でもドローンの効果が絶大であることが明らかになった。すでに戦争は「ヒト対ヒト」ではなく、「ヒト対機械」になっている。やがて「機械対機械」の構図に向かうのは確実だ。

しかも、その機械にはＡＩが搭載されようとしている。機械が自分で考え、相手の機械を破壊するとすれば優劣を決めるのはＡＩということになる。

最初に機械が機械と戦い、次に機械が人間と戦う——この新たな戦争の形に対応するためには「テクノロジーと防衛産業」によって構成される従来の防衛力では対応できない。宇宙・サイバー・電磁波領域という新たな戦域のためにＡＩ・ロボット・量子コンピュータなどを防衛に組み込む必要がある。

宇宙、サイバー、電磁波領域という新たな戦域

そこで宇宙、サイバー、電磁波領域といった「新たな戦域」について整理していきたい。

1、宇宙

現在、複数の小型衛星をネットワーク化して運用する衛星コンステレーションが運用されている。通信の他にも衛星画像の取得などに利用されているのだ。また、伝搬損失が少ない9GHz帯は「Xバンド」と呼ばれる。その電波特性からXバンド通信衛星は、防衛に利用されている（次ページ上図「安全保障分野における宇宙利用のイメージ」参照）。

すでに宇宙は重要な情報通信インフラの土台となっているのだ。

ウクライナ侵攻においてはロシア軍、ウクライナ軍が相互に軍用通信インフラの破壊に成功。そこでウクライナ軍はアメリカの通信システム「スターリンク」によって軍用通信を開通。軍用通信システムを構築できなかったロシアは兵士が自前のスマートフォンを使って通信。傍受されて狙い撃ちにされている。

安全保障分野における宇宙利用のイメージ

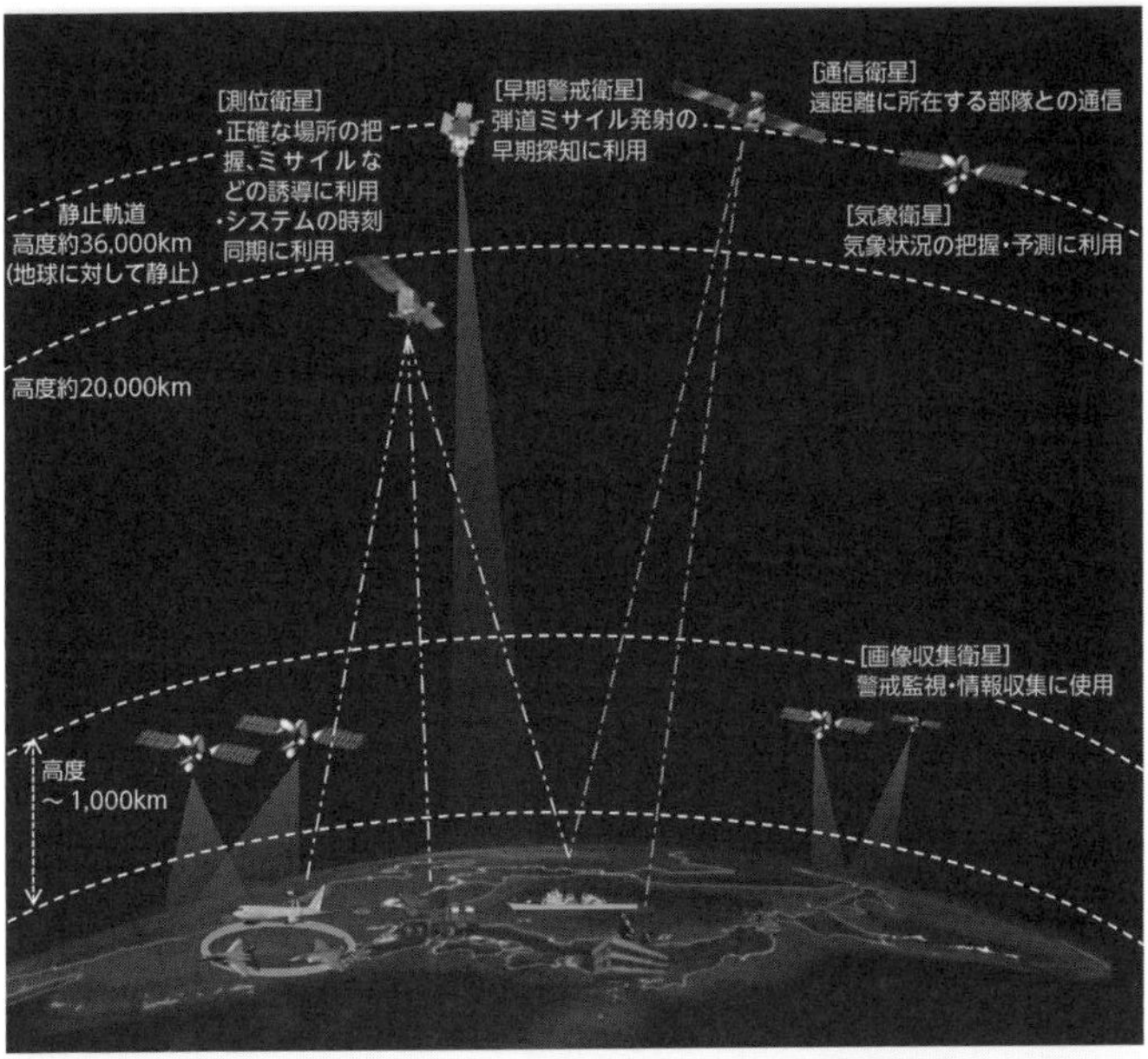

（「防衛白書」2022より）

防衛分野における電磁波領域の使用

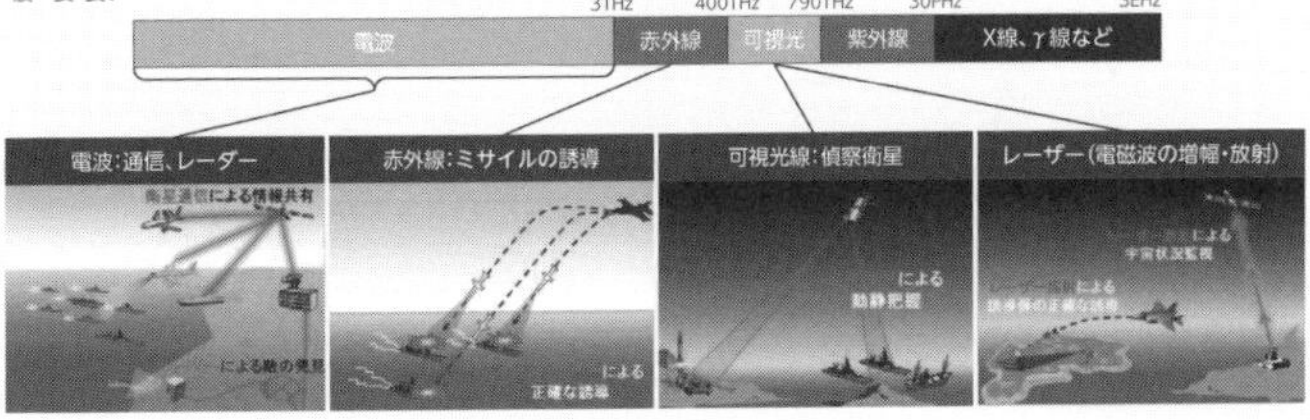

（「防衛白書」2022より）

すでに宇宙は戦域ということだ。

宇宙防衛の重要性にいち早く気が付き行動に移したのが安倍元総理である。２０１３年に安倍政権が宇宙の国防利用の方向性を明確化。２０１８年には中期防衛力整備計画で宇宙領域専門部隊の新編が明記された。

さらに、２０１９年9月17日の自衛隊高級幹部会同で安倍元総理は、

「来年、航空自衛隊に『宇宙作戦隊』を創設します。いわば、航空宇宙自衛隊への進化も、もはや夢物語ではありません」

と訓示。２０２０年航空自衛隊内に宇宙作戦隊が創設。２０２２年には組織が拡大し、宇宙作戦群に新編されている。

2、サイバー

２０１４年のクリミア侵攻、またウクライナ侵攻においてもサイバー攻撃による通信・重要インフラの妨害、インターネットやメディアを通じた偽情報の流布などが用いられた。

しかし自衛隊が自衛隊指揮通信システム隊の体制を見直し、隷下に陸海空共同部隊としてサイバー防衛隊を新設したのは２０２２年3月17日のことである。２０２７年度までに、

サイバー防衛隊などサイバー部隊を最大5000人に拡充する方向で調整しているものの、出遅れた感は否めない。

3、電磁波領域

電磁波は指揮統制のための通信機器、敵発見のためのレーダー、ミサイルの誘導装置に利用されている。さらに偵察衛星が使う可視光線、衛星からのレーザーなども電磁波であることから宇宙空間の安全保障利用とも連動しているのが電磁波領域だ（前々ページ下図「防衛分野における電磁波領域の使用」）。

当然のことながら敵が、日本の電磁波を攪乱すれば多くの場面で「優勢」を確保することができる。逆に日本が相手の電磁波を攪乱し、自分たちの電磁波を維持できれば優勢を確保することができる。

そこで自衛隊は2022年3月に陸上総隊隷下に電磁波作戦を主任務とする電子作戦隊を新編した。

新たに生まれたグレーゾーン領域すべてへの日本の安全保障対応は遅れている。並列して取り組む中で、優先的に対策を強化できるのがサイバーだ。

外交上の機密文章を含む外務省のシステムは、長い間中国によるサイバー攻撃によって、大規模な情報漏えいが起きていた（次ページ図「中国の日本外務省サイバー攻撃イメージ図」）。

2020年夏、攻撃に気がついたのは当事国である日本ではなく、アメリカだった。アメリカ政府は日本政府に、

「日本の在外公館のネットワークが中国に見られている」

と報告。当時のNSA（アメリカ国家安全保障局）の長官が急遽来日して、詳細な報告と対応を求めていた。

日本側は通常のインターネットではなく、閉域の「国際IP－VPN」を介して特殊な暗号を用いて傍受を防いでいたのにもかかわらず漏えいが起こった衝撃は大きい。

現代戦では実際の戦闘の前に強力なサイバー攻撃が行われることがパターンになっている。サイバー攻撃が常態的に成功すると相手側は「行ける」と思い込んでしまう。この典型例がウクライナ侵攻だ。

侵攻の約2カ月後の2022年4月27日、マイクロソフトが「Special Report Ukraine（特別レポートウクライナ）」と題したレポートを配信した。副題は「An overview of

中国の日本外務省サイバー攻撃イメージ図

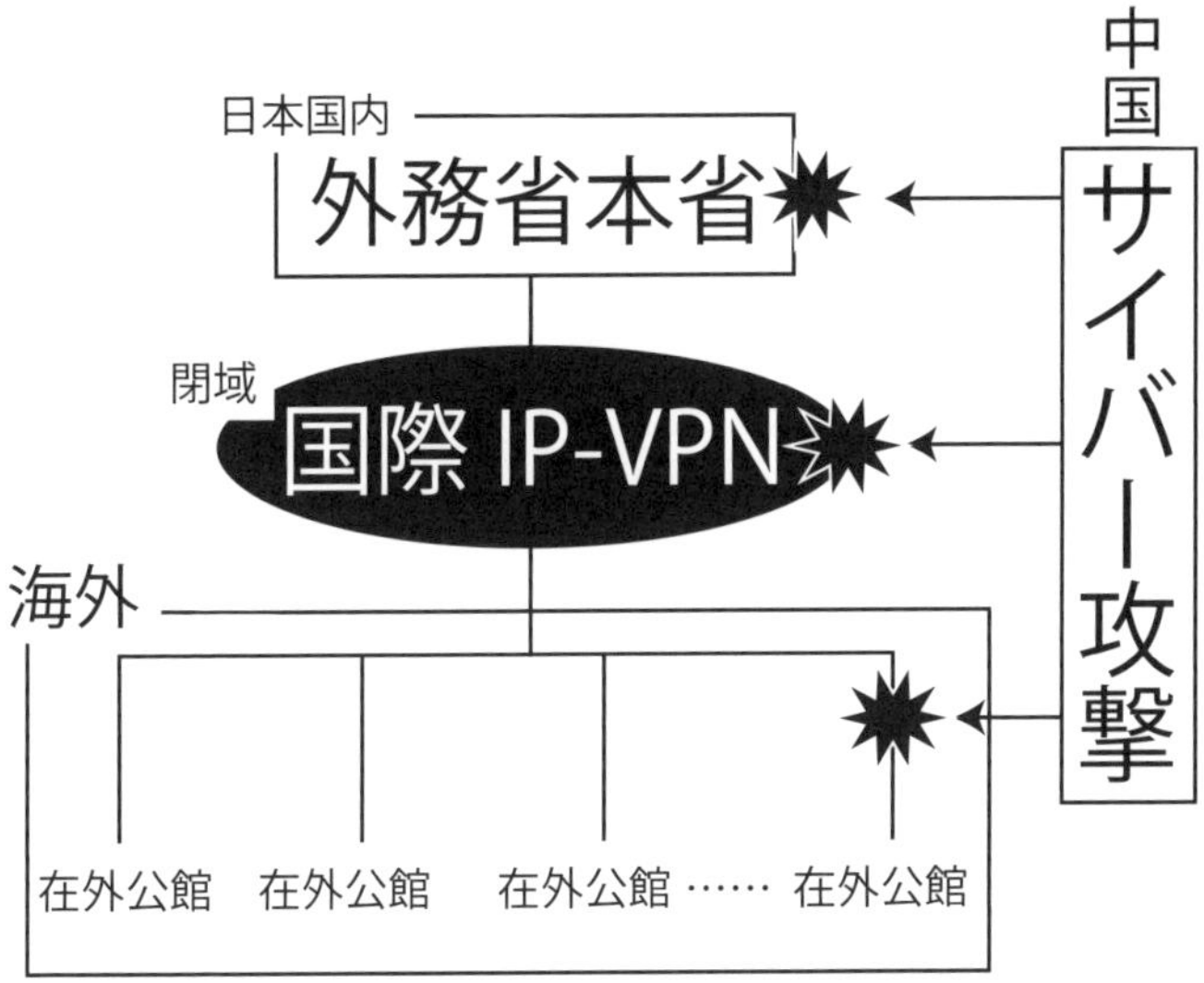

Russia's cyberattack activity in Ukraine（ウクライナにおけるロシアのサイバー攻撃活動の概要）」。約21ページにわたって、ロシアがウクライナに対してどのようなサイバー攻撃を仕掛けていったのかが詳細に報告されている。

マイクロソフトは開戦約1年前の時点で紛争に向けた事前準備を進めていたと指摘。侵攻開始後から約6週間、ロシアのサイバー部隊によって約40個別の破壊的な攻撃が行われた。その一つが「ワイパー」と呼ばれるシステムの破壊ウイルスだ。このサイバー兵器によってウクライナの数十の組織が保有する数百のシステムのファイルが破壊される。破壊されたシステムの一つが衛星通信システムだ。

対するロシアはベラルーシに拠点を置く反政府組織「サイバーパルチザン」によるサイバー攻撃を受けた。開戦直後にロシアはベラルーシ内の鉄道を使ってロジスティックスの構築を計画していたが、「サイバーパルチザン」はこの鉄道システムにサイバー攻撃をしかけ、数日間、運行を停止した。これがキーウ陥落を防いだ一因ともされているのだ。

創設「統合作戦司令部」

このようなシームレスな複合危機状況に対応するべく、2024年度末、自衛隊を運用する際の指揮系統に、創設以来最大とも言える改編が行われる。

それが「統合作戦司令部」の設置だ。

自衛隊は総理大臣、防衛大臣が指揮命令をし、統合幕僚長が大臣の補佐及び命令の執行をすることで運用されている。1954年7月1日の自衛隊創設と同時に司令部として「統合幕僚会議」が設置され、そのトップとして統合幕僚会議議長が設置された。2006年3月の改編で司令部は統合幕僚監部となりトップは統合幕僚長となった。

この統合幕僚長は、アメリカで言う統合参謀本部議長と統合軍司令官の2つの役割を担っていた。すなわち大規模災害や有事の際には、内閣総理大臣や防衛大臣への補佐と各部隊への指揮という2つの任務に忙殺されるということだ。

前述したように現代の有事は広範囲にハイブリッドに攻撃が行われる。そうした複合危機に、現行の組織構成では対応できない可能性が指摘されていた。

そこで統合幕僚監部から運用機能を切り離して、常設の「統合作戦司令部」を創設。「統合司令官」ポストを新設して部隊運用に専念させ、統合幕僚長を大臣補佐に専念させることになったのである（次ページの図「新たな自衛隊の運用態勢イメージ」参照）。

以下の改善が期待されている。

1．運用の効率化

統合作戦司令部は、従来の陸海空3自衛隊に加え宇宙・サイバー・電磁波などの新領域に対する部隊運用を一元的に担い、自衛隊の運用について平素から部隊を一元的に指揮。これにより、指揮系統が簡素化され、迅速かつ効率的な意思決定が可能となる。

2．国家安全保障の向上

統合作戦司令部は、防衛大臣の指揮命令を受け、適切に執行するため所要の指揮官に任務を付与。必要な戦力を各指揮官に配分し、作戦を指揮する。これにより、国家安全保障の向上が期待されている。

3．災害対応と有事の際の適切な指揮

これまでの参謀と指揮の2つの任務から「指揮」を切り離したことで、より適切な

新たな自衛隊の運用態勢イメージ

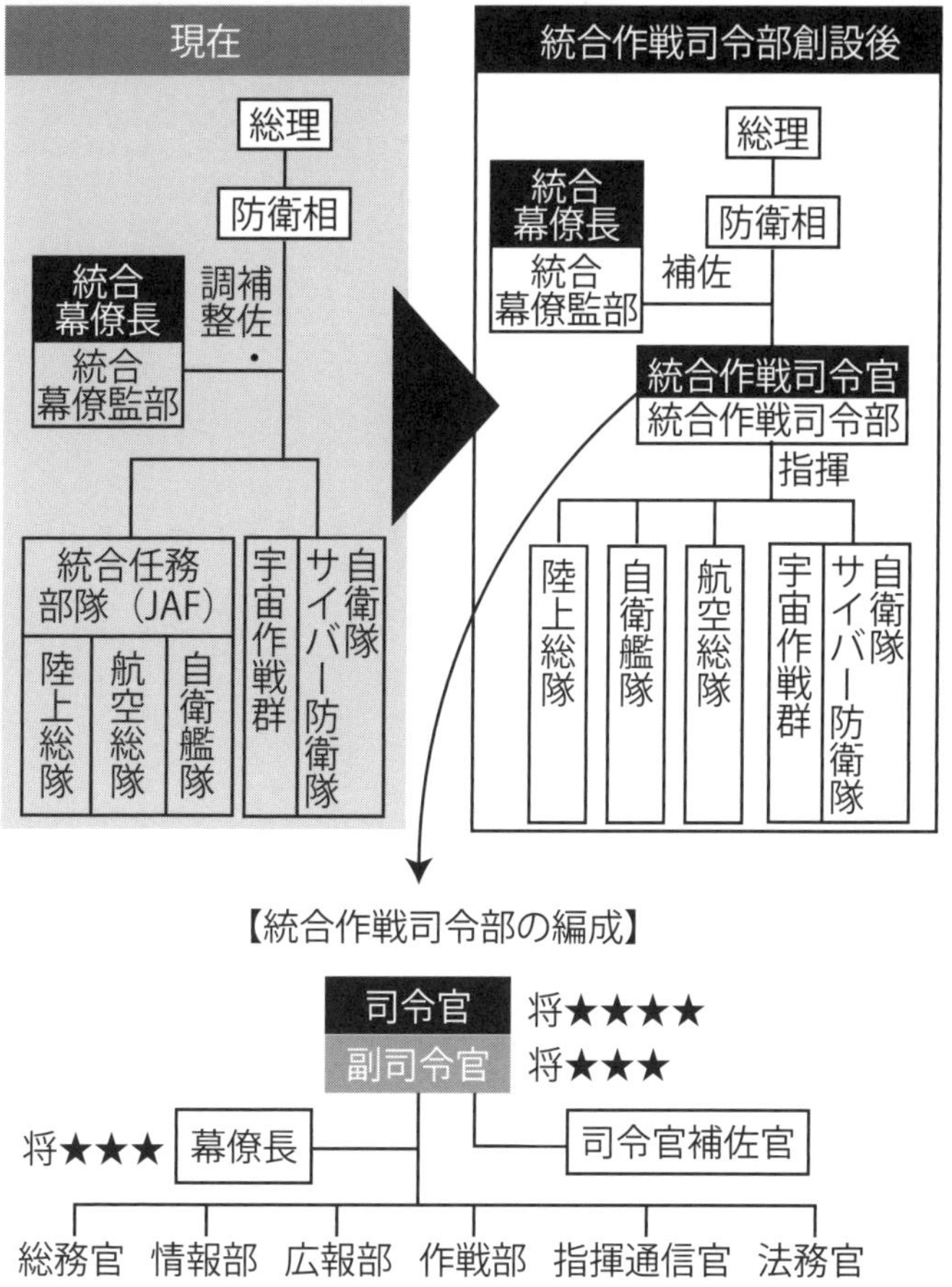

指揮が期待できる。

統合作戦司令部が作戦構想を担い、より上位の戦略レベルの構想は引き続き統合幕僚監部が担うというのが、現在の認識だ。米インド太平洋軍との連携の役割も果たすことや、国際的な安全保障に対する寄与も期待されている。

統合作戦司令部の設置場所は、陸海空各自衛隊の拠点近くということで市ヶ谷が予定されている。これにより、運用の効率が向上し、迅速な情報共有と連携が可能となる。

統合作戦司令部の設立には防衛省設置法や自衛隊法の改正が必要とされており、日本の安全保障体制の強化に向けた重要な一歩となるだろう。

提出された新法の正体

現在の戦争に対応するために欠かせないのが「経済安全保障」という考え方である。一言で説明すれば国の安定を揺るがしかねない「経済面の脅威」から、日本を守ることを目的にした防衛だ。

身近な経済安全保障の例が資源・エネルギーや薬、食料のサプライチェーン維持である。

資源・エネルギー自給率がゼロに近い日本の場合、どうしても輸入に頼らなければならない。医療用の薬や食料も同様で、なければ国民の生命を脅かすことになる。そこで供給源を一国に過度に依存しないなどの対策を講じて、持続的な安定供給を実現するのが経済安全保障だ。

経済と自衛隊は無関係なのでは…と思う人も多いかも知れない。そこで考えて欲しいのがアメリカである。自国でシェールガスが産出できるようになる前、アメリカはエネルギー供給地として中東を重視していた。中東に積極的に軍事介入していたのは「エネルギー供給」という経済安全保障上の理由からだ。また、エネルギーを海上輸送するためにシーレーンをアメリカ海軍が防衛していた。これも経済安全保障である。

軍事と民間の境界線がなくなった現在の「経済安全保障」は、より広範囲になった。例えば、サイバー防衛も「経済安全保障」の枠の中に入っている。なぜならサイバー攻撃によって重要インフラや基幹産業などが機能不全に陥ったり、機微技術などが盗まれることは経済面の脅威だからだ。

このような実情から政府は2020年4月、内閣官房の「国家安全保障局」に「経済班」を設置。経済安全保障推進法を2022年5月に成立させる。この経済安全保障推進法によって以下の制度が設けられた。

1．重要物資の安定的な供給の確保　特定重要物資の指定により、国内で必要な物資の供給を確保する。

2．基幹インフラ役務の安定的な提供の確保　基幹インフラの安定的な運用を支える

3．先端的な重要技術の開発支援　先進技術の研究開発の促進

4．特許出願の非公開　特定の発明に関する情報の流出を防止する

この「経済安全保障」の枠組みの中で、2024年1月26日に召集された通常国会で新法が提出された。本稿執筆時点では仮称だが、それこそが「重要経済安保情報の保護・活用法案」である（次ページ「重要経済安保情報の保護・活用法案（仮称）の概要」参照）。

特に注目したいのが「セキュリティ・クリアランス制度」の導入だ。

セキュリティ・クリアランス制度とは機密情報を扱うに当たっての適格性を審査する制度だ。公的機関や関連する民間企業が職員を採用する際に適用される。この制度を導入することで国の最先端技術などの重要情報にアクセスできる職員は限定的になる。結果、機

重要経済安保情報の保護・活用法案（仮称）の概要

趣旨

●安全保障の概念が、防衛や外交という伝統的な領域から、経済・技術の分野にも拡大。国家安全保障のための情報に関する能力の強化は、一層重要に。**経済安全保障分野においても、厳しい安全保障環境を踏まえた情報漏洩のリスクに万全を期すべく、セキュリティ・クリアランス制度の整備を通じて、我が国の情報保全の更なる強化を図る必要**

●こうした情報保全の強化は、安全保障の経済・技術分野への広がりを踏まえれば、同盟国・同志国との間でさらに必要となるこれらの分野も含んだ国際的な枠組みを整備していくこととあいまって、**すでに情報保全制度が経済・技術の分野にも定着し活用されている国々との間で協力を一層進めることを可能にする**

●**経済活動の担い手が民間事業者**であることに留意しつつ、**官民の情報共有を可能にする仕組みが必要**

概要

1. 重要経済安保情報の指定
政府が保有する経済安保分野に関する情報 (例えば、規制制度における審査情報等) のうち、一定のものを重要経済安保情報として有効期限付きで指定

2. 重要経済安保情報の提供
行政機関の長は、必要があると認めたときは、他の行政機関のほか、契約に基づき民間事業者に重要経済安保情報を提供することが可能

3. 重要経済安保情報の取扱い者の制限
重要経済安保情報の取扱いの業務は、適性評価により重要経済安保情報を漏えいするおそれがないと認められた者に制限

4. 適性評価
行政機関の長は、行政機関職員や民間事業者の従業者に対し、本人の同意を得た上で、内閣総理大臣による調査の結果に基づき漏えいのおそれがないことについての評価 (適性評価) を実施

5. 罰則
重要経済安保情報の漏えい時等の罰則を整備

密情報の漏えい・流出を防ぐことが期待されている。

セキュリティ・クリアランスはアメリカなどで法制化され、多くの先進国で導入されている資格だ。日本では未整備ということで、海外と協力する日本企業の中には、このような壁に直面していた。
●海外企業から協力依頼があったが、機微に触れるということで相手から十分な情報が得られなかった。政府間の枠組みの下で、お互いにセキュリティ・クリアランスを保有している者同士で共同開発などができれば、もう少し踏み込んだものになったのではないか。
●宇宙分野の海外政府からの入札に際し、セキュリティ・クリアランスを保有していることが説明会の参加要件になっていたり等の不利な状況が生じている
「情報」に対する安全保障が制度化されたことで日本の民間企業が、海外の企業と協力するチャンスは拡大するだろう。経済安全保障は経済発展をもたらす重要な要素ということだ。

治安と国防のシームレス化

これまで自衛隊と警察は守るべき範囲を「原則」として区別してきた。もちろん自衛隊には内閣総理大臣の命令や、各都道府県の知事要請による「治安出動」が認められているが出動のハードルは極めて高く、前例はない。

警察は治安を守り、自衛隊は国を守るという枠が維持されてきたのである。

ところが経済安全保障の制度化によって、治安と国防がシームレス化する必要が出てきた。その典型例とも言えるのが、やはり今国会に提出される予定の「経済安全保障推進法」の「一部改正案」である。

経済安全保障推進法では「基幹インフラ制度」が定められている。これは電気、ガスなど重要な14の事業を指定し、政令によって特定社会基盤事業を絞り込む。このうち特に重要な事業者が、重要な設備の導入等をしようとした際、事前に審査をする制度だ。

ところが2023年7月5日、名古屋港統一ターミナルシステムがサイバー攻撃される事件が発生した。トレーラーを使ったコンテナ搬出入作業が中止され、少なくとも丸一日搬出入作業が停止したのである。

攻撃したのはロシアを拠点とするサイバーテロ集団「Lock Bit」で、ランサムウェア「Lock Bit」が使用された。

「ランサムウェア」に感染すると利用者はコンピュータにアクセスできなくなる。この制限を解除するにはパスワードなどが必要で、その入手のために攻撃者は身代金を支払うように要求するのがパターンだ。

2021年5月7日、米石油パイプライン最大手の「コロニアル・パイプライン」がランサムウェアによる攻撃を受けて5日間にわたり操業停止となった。この時、同社は、攻撃を仕掛けたロシアの犯罪集団「Darkside」側に対して440万ドル（約4億8000万円）相当の暗号資産を身代金として支払っている。

経済安保推進法では港湾関係事業を定める事業を含んでいなかった。この名古屋港の事件を受けて、港湾関係のシステムを精査。コンテナの積卸し作業等を管理するシステムに支障が生じた場合、影響が甚大となりうることが判明した。

そこで港湾運送を追加する改正法案を提出したのである。成立すれば規制対象事業は以下の15に拡大する（次ページ図「経済安保推進法改正案」参照）。

経済安保推進法改正案

基幹インフラ事業に「港湾運送」が追加

1.電気	2.ガス	3.石油	4.水道	5.鉄道
6.貨物自動車運送	7.外航貨物	8.港湾運送(追加)	9.航空	10.空港
11.電気通信	12.放送	13.郵便	14.金融	15.クレジットカード

設備導入の進め方

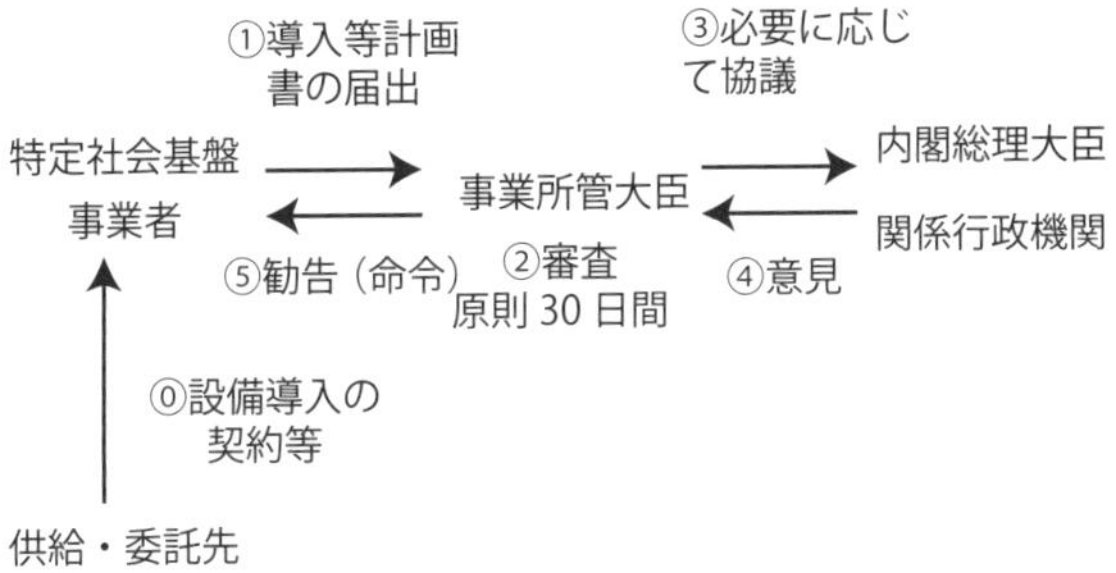

そこで考えたいのが「自衛隊」だ。

いくら衣食住を常備して行動する自衛隊でも、基幹インフラの土台がなければ活動はできない。経済安保推進法の定める15の基本インフラは、自衛隊の活動にとっても生命線である。

従来であれば警察を中心に関係省庁が守ってきたという意味で、「治安」の範囲にはいる。ところが経済安全保障という枠組みの中では自衛隊もサイバー防衛を担うことになった。

すなわち改正で定められる15の基幹インフラも「国防」の範疇に入るということだ。

現在の自衛隊のサイバー防衛能力は警察のそれより遥かに低い次元にあるのは事実だ。だからこそより広範囲の実戦経験が重要ということになる。

相手に攻撃されてから防衛行動を開始するのが専守防衛の基本だが、サイバー領域ではこの受動的防衛では手遅れになることが多い。そこで常に、こちらから相手側に働きかける能動的防衛が世界標準の防衛方法だ。

2024年1月からの通常国会で能動的サイバー防衛についての整備法案が提出される予定だったが、来期以降に持ち越されることになった。提出され、法制化されればこれまでの「専守防衛」の認識を転換させる大きな一石になる。
抑止力が大幅に拡大することは言うまでもない。経済安全保障が自衛隊の在り方をそのものを変えようとしているのである。

新次元の同志国関係

「外交」、「安全保障」、「経済安全保障」の組み合わせとして、革新的なプロジェクトが大きな一歩を踏み出した。2023年12月14日、日本、イギリス、イタリアの3カ国が署名した「GIGO《ジャイゴ》設立条約」がそれである。

GIGOのGは「GCAP《ジーキャップ》（Global Combat Air Programme の略で「グローバル戦闘航空プログラム」）の「G」である。GIGOとは「GCAP International Government Organisation」の略で、「グローバル戦闘航空プログラム政府間機関」である。

日英伊で次期戦闘機を共同開発するに当たって、効率的な協業体制を確立するための政府間機関を設立することが決まった。スタートは2022年12月9日に、日英伊3カ国の首脳による「GIGOに関する共同首脳声明」。

わずか約1年で次期戦闘機の開発体制の土台が構築されたのだ（次ページ図「次期戦闘機開発体制」参照）。

このプロジェクトの価値は単なる新兵器の開発という枠に留まらない。そのことを解説しよう。

日本の航空自衛隊が現在使用しているF－2が初飛行を行ったのは1995年のことである。

カタログスペックが正しいかどうかはともかく、すでに中国はレーダーなどに探知されにくいステルス性能を持った「J－20」を実戦配備。またロシアも高いステルス性能を持つとされる「Su－57」を実戦配備し、2021年7月にはロシア初となる単発ステルス戦闘機「チェックメイト」を航空展示会で公開した。

周辺国がステルス戦闘機を配備しているということで次期戦闘機「F－3」の開発が急がれるが、問題は日本独特の要求性能にある。

F－2はアメリカの傑作戦闘機F－16をベースに開発されているが、まったくの別物だ。日本は海洋国家なので、重い対艦ミサイルを大量に搭載しながら、高い航続能力を保有しなければならない特殊な性能が必要になる。空戦能力に特化したF－16をベースに開発さ

次期戦闘機開発体制

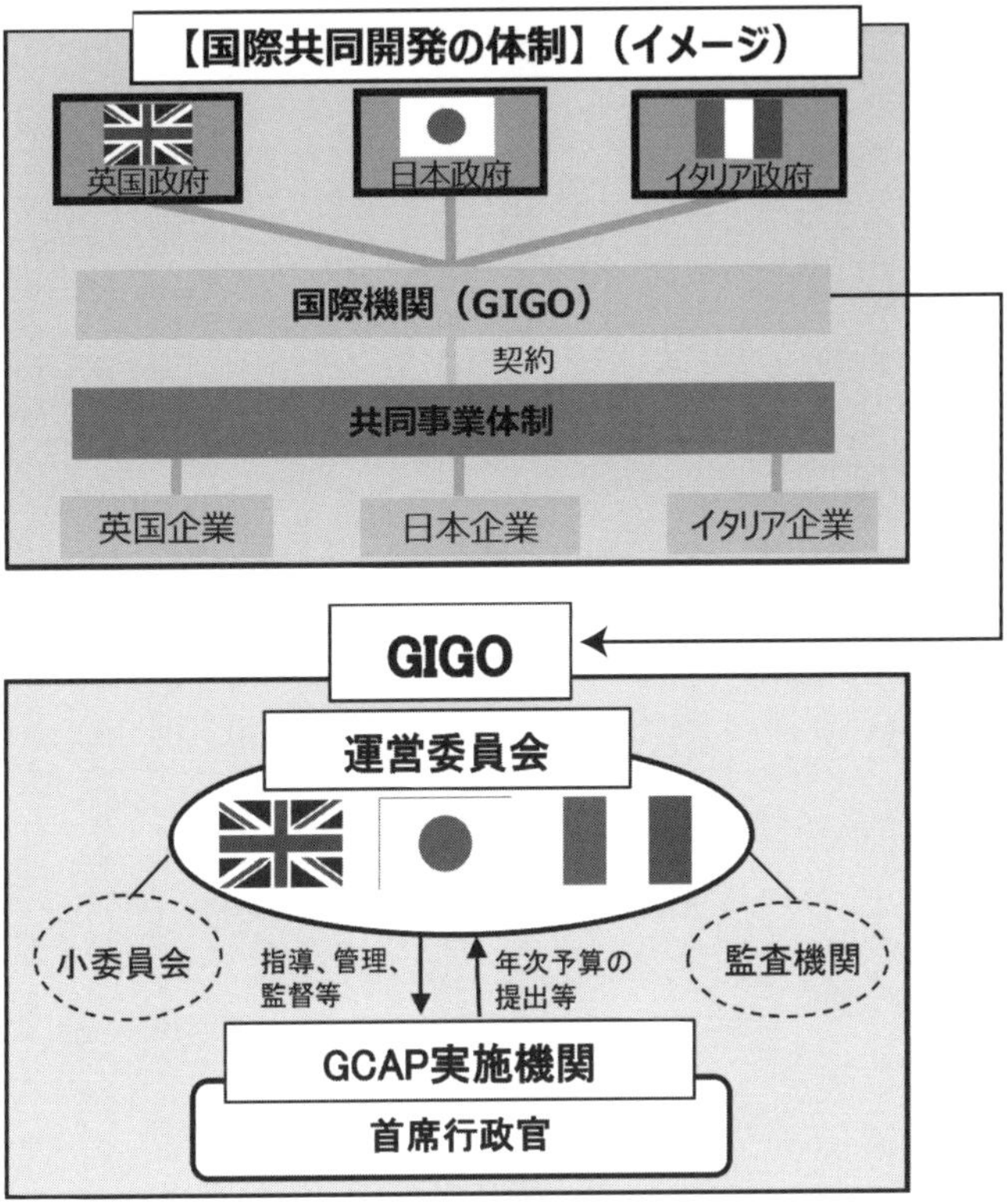

（外務省「GIGO 設立条約」を元に加工）

れた「F－2」が、戦闘機ファンから「対艦番長」と呼ばれるのはそのためだ。

このような特別な事情から同じ海洋国家であるイギリスとの共同開発が模索されていた。そのイギリスが現在使用している主力戦闘機「ユーロファイタータイフーン」は、EUと共同開発したものだ。しかしイギリスは2020年のブレグジットによってEUと距離を置くことになった。そこで次期主力戦闘機の共同開発パートナーを模索していたのである。

すでに日本とイギリスは2013年に「日英間の防衛装備品等の共同開発等に係る枠組み及び情報保護協定」に署名。日英で戦闘機に搭載する新型空対空ミサイルの共同研究を行い、2017年に完了している。

現在、F－35への搭載が検討されているのが、ロンドンに本拠地を置くMBDA社が開発中のスタンド・オフ中距離空対空ミサイル「JNAAM」だ。「スタンド・オフ」とは、「敵機の射程外から攻撃できる」という意味だが、この「JNAAM」は、この時の共同研究で得た技術が応用される見込みだ。

戦闘機の核心、エンジンについて2021年12月22日、イギリスのロールス・ロイスは日本のIHI（石川島播磨重工業）と新型戦闘機エンジンを共同開発することを発表した。

日本では高級自動車メーカーのイメージが強いロールス・ロイスは、民間用・軍事用の航空機、ヘリなどの傑作エンジンを作り続けてきたトップメーカーだ。

共同開発の土台になるのはIHIが独自開発し2018年6月に防衛装備庁に納入されたエンジン「XF9－1」である。F－35に搭載されている最新鋭のF135エンジンに近い性能を達成している。また、イギリスの巨大兵器メーカー、BAEシステムズは英語で「嵐」を意味する「テンペスト」の開発を2018年から開始している。

3カ国首脳の共同宣言は、ここにイタリアが参加した形だ。

日本の防衛装備品の依存度はアメリカが極めて高い。ところが、兵器の供給源を1カ国に依存するのはリスクもある。政策や政変が起これば、供給が遮断してしまうからだ。日米の間には同盟関係があり、アメリカが日本を裏切る可能性は極めて低いが、サプライチェーンの問題などのわずかなリスクにも対応できるようにするのは安全保障の基本である。

同志国との連携強化

前述したように共同開発する戦闘機のエンジンは日本リードになる予定だ。日本が有事になった際、戦闘機の中核であるエンジン供給が滞ることになる。有事の際には自国の安全保障を維持するために、イギリス、イタリアは日本側に立ってくれるということだ。同時にイギリス、イタリアに何かあった時には、日本は両国側に立つということでもある。また2000年に運用開始したF－2の退役予定は2035年だ。つまり30年以上の長期にわたって日英伊は裏切ることのできない関係を結んだということでもある。

こうなると同志国というより「同盟」に近い関係になる。すなわち自衛隊と英軍、イタリア軍との関係もこれまでとは違う形になっていくということだ。さらに次期戦闘機が欧州各国に移転されれば欧州の空を日本のエンジンが守ることになり、欧州と日本の関係はさらに強化され、抑止力は格段に向上する。

ロシア、中国、北朝鮮、イランと価値観の違う国が連携を深めていることは前述した。これに対抗するためにはアメリカ、日本と価値観を同じくする国は連携を深化させなければならない。

関係深化の方法の一つが、自衛隊と他国の軍隊がお互いの国で共同訓練を行う際の法的な地位などを定めた円滑化協定（RAA＝Reciprocal Access Agreement の略）の締結だ。

2020年11月に行われた日豪首脳会談では、日本とオーストラリアとの間で円滑化協定を締結することが大筋で合意した。21年中も交渉が行われ、オーストラリアが廃止した死刑制度についての調整が行われ、2022年1月6日に、岸田総理とモリソン首相（当時）が日豪円滑化協定の署名式を行った。

また2021年10月7日には、日本政府とイギリス政府の間で円滑化協定締結に向けた初交渉をオンライン形式で実施した。日英円滑化協定の締結交渉開始には、イギリス側からの要請が大きく寄与した。

そして2023年1月12日、英国を訪問中の岸田総理とリシ・スナク首相との間で、日英部隊間協力円滑化協定への署名を行う。

日英は防衛装備品を共同開発しながら、軍事面でも準軍事同盟へと関係を深化した。安全保障と経済安全保障を繋ぎ込むことで強固な関係になったということだ。

この連携は単に日本とイギリス2カ国の関係深化に留まらない。豪英米による軍事同盟・AUKUSと繋ぎ込んでいるからである。

繋がる日英・日豪

ＡＵＫＵＳ（オーカス）は２０２１年9月15日に発足が発表された、オーストラリア（Australia）、イギリス（United kingdom）、アメリカ（U.S.A）の3国による軍事同盟だ。同盟の名称は3カ国の頭文字をとって「ＡＵＫＵＳ」（オーカス）と名づけられた。

ＡＵＫＵＳの協定でもっとも大きな具体的トピックの一つが、オーストラリアの原子力潜水艦保有支援が盛り込まれたことだ。潜水艦はオーストラリアの悩みの種だった。

強力な水圧によって圧縮と膨張を繰り返す潜水艦の劣化は早く、日本ではおおむね15年が耐用年数とされている。現在、オーストラリアは6隻のスウェーデン製の潜水艦、コリンズ級を保有しているが、就役は１９９６年と極めて古い。私は２０１２年の第二次安倍政権で防衛大臣政務官を務めたが、その時に、自衛隊による潜水艦救難訓練が行われた。オーストラリアもコリンズ級を出したが「本当に来るのか」と心配したほどだ。無事に日本に到着したものの、老朽化は見た目にも明らかで海上自衛官たちも、

「本当に、救難訓練を行って、実際にオペレーションしたらどうなるんでしょう。この船

に乗りたくないのが正直な気持ちですよ」

と不安を口にしていた。実際にその時は訓練を行う相模湾沖に行くのは難しいということで、横須賀に泊まったままということになったが。

一方で2000年代に入ってインドネシアや中国などオーストラリアの周辺国は潜水艦増強の時代へと入る。インドネシアのすぐ南側にあるクリスマス島は、オーストラリアの領土ということでコリンズ級の老朽化は、喫緊に対応しなければならない重要な問題となった。

日本の「そうりゅう型」とフランス製潜水艦が競り合ったが入札の結果、オーストラリアでの現地生産を約束していたフランス製の潜水艦が選ばれることになる。だが、AUKUS結成直前まで製造に向けた進展は事実上、停滞。待ったなしの状況のまま長い時間が経過していたのだ。

AUKUS締結によってオーストラリアはアメリカとイギリスの協力を得て、原子力潜水艦の配備計画を進めている。原潜には核弾頭を搭載したSLBM（submarine-launched ballistic missile の略で潜水艦発射弾道ミサイル）を運用できる戦略型原潜と、主に海中海上索敵、対艦・対潜水艦などに運用される攻撃型原潜があるが、オーストラリアには攻撃型原潜の導入が決定した。

予定では2027年からは米英が西オーストラリア州パースにあるオーストラリア海軍基地に少数の原子力潜水艦を配備。2030年代初頭には米ヴァージニア級原子力潜水艦3隻を購入する。この計画では2隻を追加購入するオプションが付けられ、2040年代には自国産の原潜が完成、配備される。

元々、豪・英・米は「インテリジェンス」について特別な関係にあった。

1946年にアメリカとイギリスが通信・電波の傍受による情報収集活動施設の共同利用に関する秘密協定、BRUSA（Britain とU.S.A の略）協定を締結。1954年にはこの協定をUKUSA（United Kingdom とU.S.A の略）に改称。1948年にカナダ、56年にオーストラリアとニュージーランドといった大英連邦の国が加盟した。

このインテリジェンス同盟は、世界を監視する5つの目ということで「ファイブ・アイズ」と呼ばれている。日本が豪・英とRAAを締結したことで、AUKASと日本は次ページ図「イギリス・オーストラリアとRAAを結んだ意味」のような立体的な構図になったのだ。

外交・安全保障・経済安全保障の各環境が劇的に変化しているのだから、国防の中心的

イギリス・オーストラリアとRAAを結んだ意味

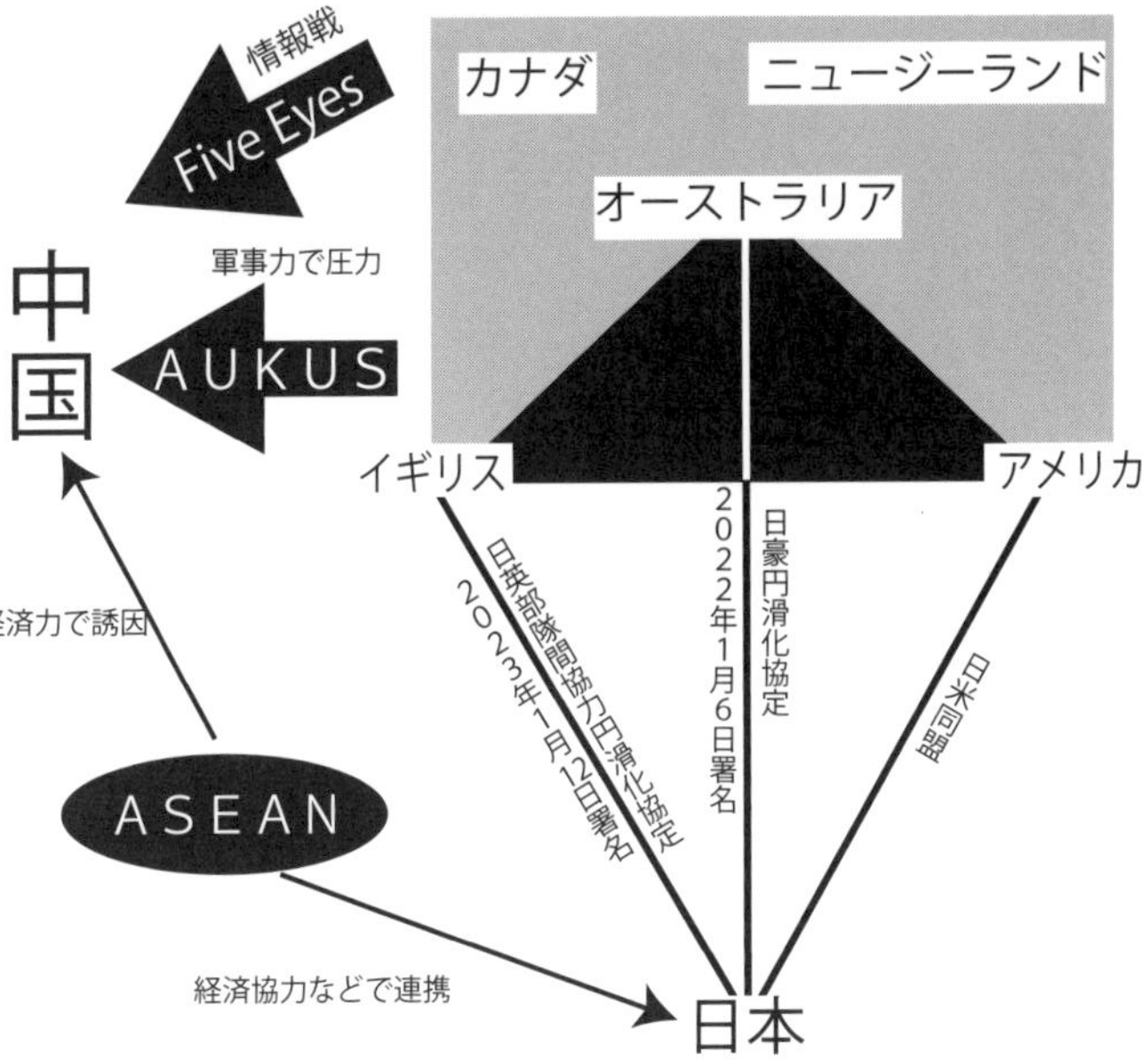

な役割である自衛隊が変化するのは、自然と言えるだろう。

「30＋2対1」、「2対3」、「0対1」

新たな自衛隊像を解説してきたが、実は今回の変革は、日本列島を地政学的に考えれば「当然で、むしろ遅すぎる」ということになる。だから、安倍晋三元総理が繰り返し、「日本ほど、地政学的に危ない場所にいる国はない」と警鐘を鳴らしていたのもそのためだ。世界の多くの国は自国を防衛するために軍事同盟を結んでいるが、国際社会の同盟の構図を日本に当てはめれば安倍元総理の発言の真意が理解できるだろう。

同盟の構図を表しているのが「30＋2対1」、「2対3」、「0対1」だ。大半の人が何のことだかわからないと思っているはずだが、解説を進める。

2022年2月24日、ロシアはウクライナに侵攻する。その翌日の同月25日、ロシア外務省は中立国のフィンランドとスウェーデンがNATOに加盟する動きを見せれば軍事侵攻する可能性があるとコメント。さらに同月日には、プーチン大統領は、「核兵器」を専門に扱う核抑止力部隊を厳戒態勢に移行するよう命令した。

しかし2022年5月12日にフィンランドのサウリ・ニーニスト大統領と、サンナ・マリン首相(当時)がNATO加盟について、

「フィンランドはただちに加盟申請しなければならない」

とする共同声明を発表し、同月15日には、NATOへの加盟申請に向けた報告書を採択した。また、その翌日の同月16日には、フィンランドの隣国に位置するスウェーデンがNATOへの加盟申請し、2024年3月7日、加盟が実現した。

スウェーデンは実に200年も「中立国」を維持してきた国だ。

また、フィンランドはロシアと約1300キロ以上にわたって国境を接しているが、EU加盟国でありながらNATOに非加盟という特殊な状況だった。その理由は、1939年〜40年のソ連との冬戦争にある。

冬戦争で国土の約10%を喪失したフィンランドは、第二次世界大戦ではソ連に対抗するためナチス・ドイツと共闘した。戦後は社会主義化を逃れたもののソ連の強い影響下に置かれ「中立」を維持する。このような経緯から1994年にEU加盟に合意したものの、NATOには加盟してこなかった。

NATOに加盟している国は30カ国。加盟したいずれかの国がロシアに攻撃されれば30カ国がロシアを攻撃する。

ロシアにとっては30対1の状況になっているということだ。その安全保障機構にフィンランドとスウェーデンが加盟を申請したことで、30＋2対1の構図になっているのが2024年3月現在のヨーロッパの状況である。

スウェーデンとフィンランドの加盟により、バルト海は実質的に「NATOの湖」となり、ロシアのバルト艦隊の行動は大きく制約される。また、対番抑止としてのロシアの切り札である北方艦隊の戦略原潜が位置するセヴェロモルスクは、その補給線が約1300㎞以上にわたり、フィンランドに位置するNATO軍により側背から脅威を受ける形となる。結果的に北方艦隊が孤立する恐れが増し、ロシアの対米抑止上、極東の太平洋艦隊の戦略原潜の価値が上がり、「オホーツク海の聖域化」の重要性は増すことになる。

日本は世界でもっとも危険な位置に存在する

対して日本はアメリカと同盟を結んでいる。ところが日本は北側にロシア、中心部に北朝鮮、南側に中国という3つの価値観のことなる国に囲まれている。しかもその価値観の違う国はいずれも核兵器を保有しているのだ（前ページ図「日本列島を取り巻く脅威ベクトル」参照）。

日本列島の地政学的リスクを評価する時に、さらに考えなければならないのが「台湾」だ。中国の習近平国家主席が内政的にも外交的にも台湾を統一し、太平洋に進出したい野望を持っていることは解説した。

そのドス黒い野望実現に向けて戦略上最大の障壁になるのが日本列島と台湾島である。実は日本列島と台湾島の地政学価値は地図を逆さにするだけで一目瞭然になる（次ページ図「逆さ地図で見た中国の侵略と日本・台湾の位置関係」）。ユーラシア大陸を中心に考えると日本列島が海を挟んで覆う形になっていることが理解できるだろう。

日本はユーラシア大陸にとって太平洋に向かう「出口」を塞ぐ形になっている。その「覆い」から太平洋側がアメリカの勢力圏だ。

日本は西側の陣営だ。西側とは価値観の違う中国、ロシアにとって、太平洋に進出していく上でも、アメリカと対峙するという意味でも「日本」は巨大な障壁になっている。すなわち中国、ロシアにとって「日本」は邪魔な存在ということだ。

逆さ地図で見た中国の侵略と日本・台湾の位置関係

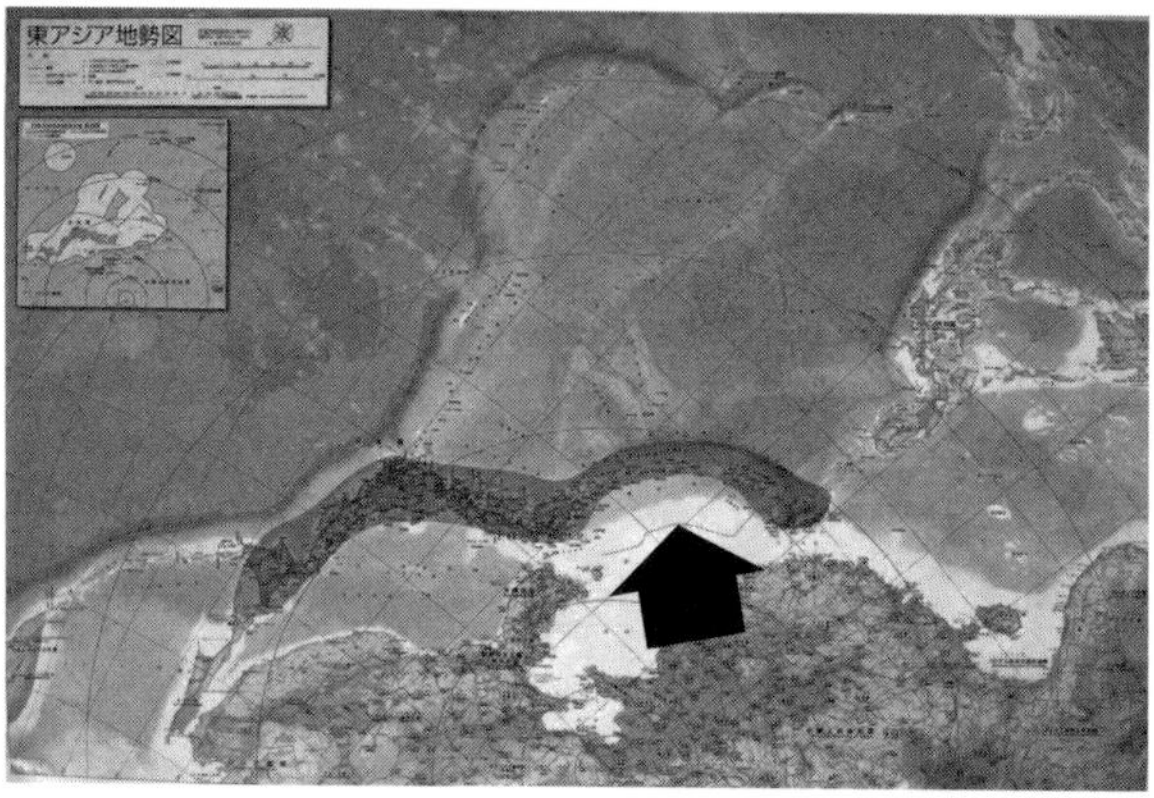

太平洋に向かう中国に対して、日本列島と台湾島は「蓋」になっている

逆に考えればもし日本が自分たちのものであれば、オホーツク海、日本海、東シナ海が防波堤となって太平洋側から自国を守ることもできるようになるのだ。習近平体制の中国が喉から手が出るほど日本列島と台湾島を欲しいと思うのは当然である。

すなわち日本・台湾有事の際には最悪のケースとして、中国・ロシア・北朝鮮の3方向からのアクションがあると考えるべきだ。

同盟の構図から考えれば日米同盟を結ぶ日本は「2」に対して中・ロ・北で「3」の「2対3」。同盟を持たない台湾は「0対1」になっている。そもそも危険な状況という意味で、自衛隊大改造はむしろ遅すぎるのだ。

ジブチの拠点化

２０２３年12月22日に行われた閣議決定は、同志国との連携という意味で大きな意義を持つ。この日、政府はアフリカ東部ジブチにある自衛隊の活動拠点を、邦人保護や輸送の拠点ともするため、態勢を整備することを決定したのだ。

元々、ジブチ拠点はソマリア沖・アデン湾での海賊被害に対応するために自衛隊初の海外拠点としてジブチ国際空港敷地内に設置され、２０１１年7月に開所した。海上自衛隊が哨戒機などで海賊対策を行い、その拠点を陸上自衛隊が防衛する体制になっている。

ところが２０２３年4月からスーダン国内で政府軍と反政府組織の戦闘が激化。さらに同年10月には前述したイスラエル－ハマス戦争が勃発した。そこで政府は、ジブチの拠点に、邦人保護や輸送拠点の能力を付与することを決めたのである。具体的には、

・装備品の集積・管理　ジブチ拠点を自衛隊の運用基盤として活用し、必要な装備の整備

・情報収集・分析の強化　在外邦人等の保護・輸送に必要な情報を迅速かつ確実に収集

・教育訓練の実施　隊員の教育訓練

などが行われる。ただ、ハマスとの連携を示すフーシ派のアデン湾や紅海での商船への攻撃により、ジブチ派遣部隊の防空能力強化は待ったなしの状況となり、派遣護衛艦の対艦弾道ミサイル能力の欠如が皆の知るところとなってしまった。海自艦艇の対ミサイル及び対ドローン能力の強化は台湾有事、南西諸島有事でも避けては通れない課題である。さらにジブチ拠点は中東・アフリカ地域における在外邦人等の安全確保に向けた政府の取り組みの一環として、重要な役割を果たすことになるだろう。

このことは単に邦人保護能力の付与に留まらない。というのはアデン湾と紅海を隔て、スエズ運河へと繋がるバブ・エル・マンデブ海峡に面しているジブチは地政学上、極めて重要なポイントとなっているからだ。だからアメリカ海軍は、ジブチにキャンプ・レモニエを設置し、アメリカアフリカ軍最大規模の「アフリカの角」地域統合任務部隊を配備している。

キャンプ・レモニエは、元々フランス外人部隊の基地として設立され、2002年にジブチ政府によってアメリカにリースされた。アフリカの角における不朽の自由作戦を支援。アフリカ大陸全体に広がる約6つの米国の監視ドローン基地ネットワークの中心的存在となり、ペルシャ湾地域での空中作戦のハブとしても機能している。

このようにジプチには多くの国が軍を派遣しているのだ。

中国もジプチを最重要視。中国の巨大経済圏構想「一帯一路」の拠点としている（次ページ図「一帯一路におけるジプチの価値」）。「一帯一路」とは、中国南西部から中央アジアを経由してヨーロッパまでの「シルクロード経済ベルト」（一帯）と、中国沿岸部から南シナ海、インド洋、アフリカ東岸をと経由して地中海までの「21世紀シルクロード」（一路）からなる巨大経済圏構想である。

ただし「一帯一路」はただの経済圏ではなく、中国の経済安全保障圏構築構想だ。そこで中国は2017年8月、ジプチに恒久的軍事基地を設置した。

ところが近年、中国の思惑通りに進まない事態が発生している。

この「一帯一路」に参加する国は、中国が主導するAIIB（アジアインフラ投資銀行）を通じてインフラ開発費の融資を受けることができる。借りた金は返さなければならないのだが、中国は焦げついた国から陸路や海路の拠点を合法的に収奪。これまでにギリシャ・ピレウス港、スペインのバレンシア港、スリランカのハンバントタ港など海洋拠点を手中に収めることに成功している。

すなわちAIIBとは、中国共産党が運営する「国家ヤミ金」ということだ。一帯一路

一帯一路におけるジブチの価値

による「債務の罠」に気がついた国で計画が頓挫しているのである。

また2023年12月6日までにイタリア政府は中国政府に一帯一路からの正式離脱を伝えた。前述した戦闘機の共同開発を含めて、イタリアはG7側の同志国であることを選択したということだ。

日本がジブチ拠点に新たな機能を付与することは、中国に対する強い牽制の意味を持つ。同時にジブチを中心に同志国との連携を強化することにもなる。既存の日米という「2」だけではない、より多くの同志国連携構築に向けて大きな一歩となるだろう。

第4章 新防衛装備品のすべて

「わかりました」「頑張ります」「大丈夫です」

１９７６年の三木武夫内閣以来、日本政府は防衛予算を概ねＧＤＰの１％に縛り続けてきた。周辺状況に対応すれば自ずと値は上下するはずである。ゆえに、この、「１％の呪い」に、科学的な根拠がない。常在化している日本列島の地政学的リスクと１％で縛られた予算の矛盾を背負ったのが、他ならぬ防人たち——すなわち自衛官だ。

冒頭で書いたように吉田茂総理から「日陰者」と呼ばれたことも手伝ってか「国防」を司る省庁は、財務省との「１％枠」の上限がある厳しい予算獲得の戦いを、強いられてきた。対照的なのは「食料自給率」において、「カロリーベース総合食料自給率」という「ものさし」を生み出した農水系だ。「カロリーベース——」とは何のことだかわからないと思うが、農水省によれば、

カロリーベース総合食料自給率とは、「日本食品標準成分表２０２０年版」に基づいて、各品目の重量を熱量（カロリー）に換算して、それらを足し上げて算出している

という。その計算式は、

カロリーベース総合食料自給率＝1人1日当たり国産供給熱量／1人1日当たり供給熱量）

だ。近年では850kcal／2259kcal＝38％となり、カロリーベースで38％の生産を目指すという。こう説明されても「わからなさ」は変わらないのではないか。私自身も理系なのだが、何となく科学的に見えはするものの、「本当に意味がある指標なのか？」と首を傾げてしまう。

政治という観点から考えると、「これは財務省と戦うためのツールなのでは」と考えている。重要なのはこの指標の有意性ではない。オリジナルの「ものさし」を生み出したことで農水系は予算を獲得することに成功農民や農地を守る政策に繋げた。一方、防衛省は、1％の呪いの中、自衛隊は、

「わかりました」

「頑張ります」

「大丈夫です」

この3つを新隊員は覚えればいいと言われるような組織文化が生まれてしまったのであ

る。これを聞いた一般市民は、

「ブラック企業そのものじゃないですか」

と驚愕することがほとんどだ。

深刻なのはこの伝統によって、組織内の問題が潜在化してしまうことである。問題解決の第一歩は、「問題が問題として認識されること」なのだから、組織内の抜本的改革への道のりは遠い。セクハラ、パワハラなどの深刻な問題が露呈し始めたのも、ようやく最近のことである。

恥ずかしいと受け取る人もいるかも知れないが、問題が露呈することは解決への第一歩だ。こうした醜聞を経なければ組織は改善されない。

これまでのような労働環境で優秀な人材を集めるという方が無理だ。この重大なトピックについては後で詳述する。

防衛予算倍増を抑止力強化に

自衛隊変革の第一歩は予算の大幅拡大から始まった。最初に先鞭を付けたのが岸田文雄総理だった。2022年11月28日、岸田総理は首相官邸に浜田靖一防衛相（当時）と鈴木俊一財務相を呼び、防衛費増額に関する方針を指示。

防衛費は27年度までにGDP比で2%を基準とすること。その上で22年末までに、

①23〜27年度の中期防衛力整備計画（中期防）の規模

②27年度に向けての歳出・歳入両面での財源確保

を一体的に決定するとした。総理が防衛費の具体的水準を明言するのは初で、増額の理由は東アジアの険しい安保環境だとした。

政府としては名指さないものの、中国の台頭と野心が安全保障環境を乱していることは言うまでもない。

このことに中国政府は過剰に反応する。同年12月6日、中国外務省は会見で、「日本の防衛予算は10年連続で増加している」と指摘したうえで「地域の緊張を煽り非常に危険だ」と批判。日本に対して「平和の道を堅持できるか強い疑問を持たざるを得ない」と述べたほか、アジアへの侵略の歴史を例に挙げて「軍事領域で言動を慎むべきだ」と強調した。

日本は法治国家で、中国のような人治国家ではないのだから、現行憲法で侵略のための

戦争は不可能だ。「戦前のアジア侵略」は中国政府が困った時に使うお得意の難癖で、これを持ち出して非難するということは、中国は日本の防衛予算増を嫌がっているということだ。

予算増のアナウンス自体が抑止力強化をもたらした。

この流れの中で同年12月16日に、前述した安保3文書が改定する。安保3文書に基づいて、防衛費は2023～27年度の5年間の総額で、前回計画の1・5倍相当となる43兆円に増やすこととなった。

GDP比が1%から2%ということは倍増である。「令和6年（2024年）度予算」では、歳出ベースで約8兆2000億円となった。どれほど増額されたのかは、次ページ図「防衛省『令和6年度予算』」でわかるだろう。

続々と開発される新防衛装備品

「防衛力の抜本的強化」と銘打った予算は、7つの重視分野が中心となっている（次ページ上図「防衛力の抜本的強化の7つの重視分野」）。その具体的な動きは、「内訳」に示されて防衛省「令和6年度予算」

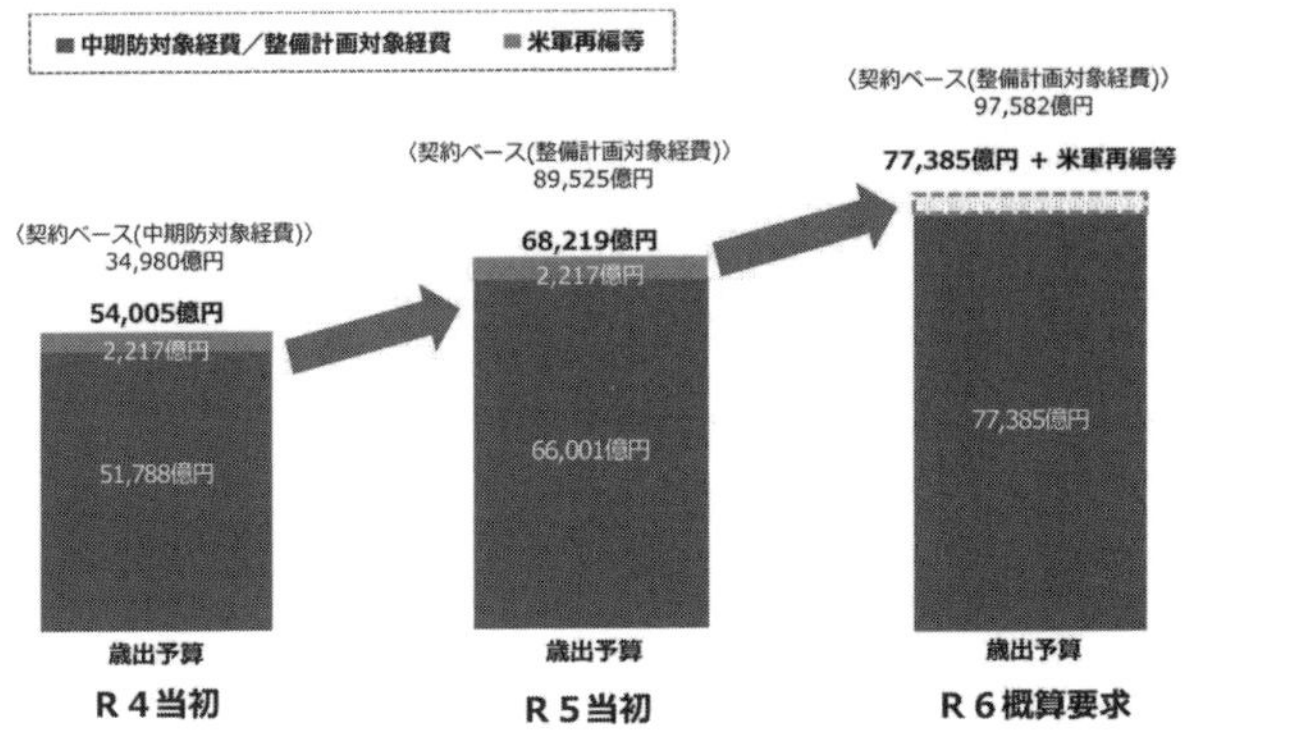

（防衛省「防衛力抜本的強化の進捗と予算」より）

いる（次ページ下表に「令和6年度概算要求〜分野別内訳〜」参照）。

重要分野が7つあるということは、この7つの分野が国際水準に追いついていないことを意味する。喫緊の対応が求められるものの、リソースは無限ではない。リソースの合理的運用のために、優先順位が付けられることになる。

2024年度においては「各種スタンド・オフ・ミサイルの整備」、「イージス・システム搭載艦の整備」、「全国駐屯地・基地等の既存施設の強靭化」にウエイトが置かれることになった（次々ページ図「令和6年度概算要求〜重点ポイント〜」参照）。

新たな防衛装備品を紹介しながら解説して

防衛力の抜本的強化の7つの重視分野

- ①スタンド・オフ防衛能力
- ②統合防空ミサイル防衛能力

→ 我が国への侵攻そのものを抑止

- ③無人アセット防衛能力
- ④領域横断作戦能力
- ⑤指揮統制・情報関連機能

→ 領域を横断して優越を獲得
非対称的な優勢を確保

- ⑥機動展開能力・国民保護
- ⑦持続性・強靭性

→ 迅速かつ粘り強く活動

令和6年度概算要求〜分野別内訳〜（単位：億円）

区分	分野	令和５年度予算（契約ベース）（A）	令和６年度概算要求（契約ベース）（B）	令和５年度予算との比較（B－A）
スタンド・オフ防衛能力		14,130	7,339	△6,791
統合防空ミサイル防衛能力		9,829	12,420	+2591
無人アセット防衛能力		1,791	1,161	△631
領域横断作戦能力	宇宙	1,529	1,145	△384
	サイバー	2,363	2,185	△178
	車両・艦船・航空機等	11,763	13,787	+2,023
指揮統制・情報関連機能		3,053	4,488	+1,435
機動展開能力・国民保護		2,396	5,951	+3,554
持続性・強靭性	弾薬・誘導弾	2,124	4,068	+1,944
	装備品等の維持整備・可動確保	17,930	19,041	+1,111
	施設の強靭化	4,740	8,043	+3,302
防衛生産基盤の強化		972	886	△86
研究開発		2,320	2,321	+1
基地対策		5,149	5,182	+33
教育訓練費、燃料費等		9,437	9,567	+130
合計		89,525	97,582	+8,057

（防衛省「防衛力抜本的強化の進捗と予算」より）

令和6年度概算要求〜重要ポイント〜

◆ 各種スタンド・オフ・ミサイルの整備　スタンド・オフ防衛能力

- 前年度に引き続き、射程や速度、飛翔の態様、対処目標、発射プラットフォームといった点で特徴が異なる様々なスタンド・オフ・ミサイルの研究開発・量産・取得を実施。
- 指揮統制機能についても、併せて強化する取組を推進。

令和5年度(2023)	令和6年度(2024)	令和7年度(2025)	令和8年度(2026)	令和9年度(2027)	令和10年度(2028)	令和11年度(2029)	令和12年度(2030)	令和13年度(2031)

12SSM能力向上型(地発型・艦発型・空発型)の開発
潜水艦発射型誘導弾の開発
新地対艦・地対地精密誘導弾の開発
島嶼防衛用高速滑空弾(能力向上型)の開発
極超音速誘導弾の開発
外国製スタンド・オフ・ミサイルの取得(JSM、JASSM)
外国製スタンド・オフ・ミサイルの取得(トマホーク)

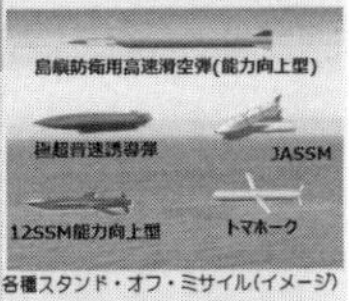

各種スタンド・オフ・ミサイル(イメージ)

◆ イージス・システム搭載艦の整備　統合防空ミサイル防衛能力

- イージス・システム搭載艦の整備に当たっては、ＨＧＶ等にターミナル段階での対処能力を有するＳＭ－６のほか、既存イージス艦と同等以上の各種戦能力・機動力を保持。
- また、動揺に強い設計や、１２式地対艦誘導弾能力向上型や対ＨＧＶ迎撃ミサイルを含む将来装備を搭載できる拡張性等を考慮。

令和5年度(2023)	令和6年度(2024)	令和7年度(2025)	令和8年度(2026)	令和9年度(2027)	令和10年度(2028)
				#1 就役目標 ☆	#2 就役目標 ☆

イージス・ウエポンシステムの製造
設　計 → 長納期品取得
建　造
各種試験準備・テストサイト整備等

※　各装備品の配置等は今後の設計作業において変更することがある。また、イメージの細部は割愛

◆ 全国駐屯地・基地等の既存施設の強靱化　持続性・強靱性(施設の強靱化)

- 駐屯地・基地等の全体(２８３地区)を対象に令和５年度予算において、集約・建替えなどのマスタープランを３か年をかけて作成する予算を計上。令和６年度以降順次施設整備を実施し、施設の強靱化及び隊員の生活・勤務環境の改善を図る。

令和5年度(2023)	令和6年度(2024)	令和7年度(2025)	令和8年度(2026)	令和9年度(2027)	令和10年度(2028)	〜	令和14年度(2032)

マスタープランの作成
順次、整備を実施

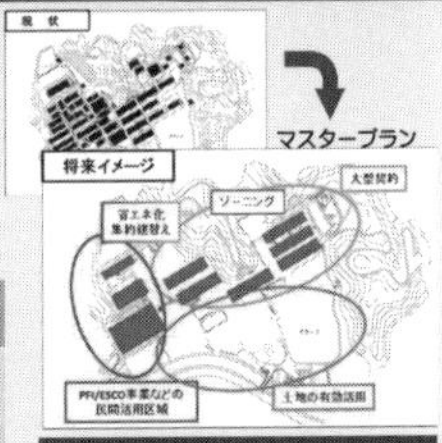

運用上重要な駐屯地・基地等から整備を実施

いこう。

第一の重要なポイントはアメリカ製の巡航ミサイル「トマホーク」の取得前倒しである。巡航ミサイルはエンジンと翼を備えた水平飛行するミサイルだ。極めて低い高度を飛行するためレーダーで探知しにくく、地形追随機能により、複雑な地形にも対応。陸上、艦艇、航空機など様々なプラットフォームから発射できる柔軟性を持ち、亜音速で数百㎞から数千㎞の長い射程を持つ。

ロシア、中国なども巡航ミサイルを開発、配備しているが「トマホーク」は世界の巡航ミサイルの中で比類なき実績がある。

トマホークの開発プログラムは1972年にスタートし、1976年に最初の試射に成功。1983年に就役した。1991年の湾岸戦争では、ピンポイントでレーダー施設などを破壊し航空優勢を確保。1999年からのコソボ紛争、2001年のアフガニスタン戦争、2003年のイラク戦争、2018年のシリア化学兵器施設に対する攻撃など、様々な軍事作戦で劇的な成果を上げた。

その安定した実績から米軍は大小様々な軍事作戦にトマホークを多用し、現在までに約2300発を使用している。

トマホークの特長の一つが精密爆撃だが、複数の誘導装置によって目標に向かう。その一つが、「地形等高線照合」で電波高度計から得た高度情報を、事前に入力されたレーダー地図と照合しながら、計画された飛行経路に沿ってミサイルを飛翔させる。最終段階ではデジタル式情景照合装置によって、リアルタイム画像と、あらかじめ入力していた目標画像を照合する。

この組み合わせによって誤差10メートルという命中精度を実現するのだ。

本来であれば2026年、27年度に最新鋭のブロックVを最大400発調達する計画だったが、ブロックⅣであれば1年前倒しできると判断。そこで半分の200発をブロックⅣに置き換えて1年前倒しして2025年から調達することになった。

ブロックⅣ、ブロックVともに射程距離は約1600㎞で、まさに反撃能力を達成する。すでに2024年3月下旬から日本国内では海上自衛隊員約30人参加し、トマホークの運用訓練が始まる。待ったなしということで1年前倒しした背景には、中国の脅威増大があった。

このアメリカからのトマホーク導入は国産巡航ミサイル開発・配備までの「つなぎ」の位置づけになっている。すでに2023年から三菱重工業が、陸上自衛隊が装備する12式地対艦誘導弾（12SSM）をベースに、12SSM能力向上型を開発中だ。

この国産巡航ミサイルは、長射程化を目指してジェットエンジンをターボファン化し、大型の展開式主翼を装備。さらにトマホークにはないステルス能力を付与するため全体形状を変更する。情報収集衛星、GPS衛星、早期警戒機とのデータ・リンク・システムを搭載する計画で、本家「トマホーク」を超える性能獲得を目指している。

射程については、まず900㎞を、最終的にはトマホークと同程度の約1500㎞達成を目標としている。2024年に陸上発射型を配備、その後、空中、艦艇発射型の開発が検討されている。

海自が運用訓練を開始したということで、トマホークについては、艦艇での運用から開始される予定だ。ミサイルは発射装置が破壊されれば鉄の塊になってしまうが、海上を高速で移動し、イージス艦のような強力なミサイル防衛システムを装備している艦船はそもそも攻撃を受けにくい。艦船発射型のトマホークや国産巡航ミサイルがもたらす抑止力効果は絶大と言えるだろう。

迎撃が極めて困難なミサイル

反撃能力の保有を急いだ背景の一つが、周辺国のミサイル開発、配備にある。特に警戒しなければならないのが、迎撃が極めて困難なミサイルがＨＧＶ（Hypersonic Glide Vehicleの略で「極超音速滑空体」）だ。防衛省は「極超音速滑空兵器」と訳している。ＨＧＶは弾道ミサイルの弾頭として打ち上げられ、高度40～１００キロに達した後に切り離され、弾道飛行を経て滑空飛行に移行する。滑空飛行中はスキップ・グライド飛行を行い、比較的低い高度のままで長距離を飛行できる特性を持つ（次ページ上図に「ＨＧＶの飛行軌道」）。「極超音速」とはマッハ5以上のことだが、各国が開発を進めているＨＧＶの大半はマッハ10程度で、場合によってはマッハ15を目指している。

高度１００キロ以下という比較的低高度を滑空するため、探知してから対応行動を行えるまでのレスポンスタイムが相当に短い。また小型で細いため、空中を高速で飛ぶ時に出る熱も少なく、衛星による探知も困難な上、滑空による複雑な軌道で飛翔する。

現在の迎撃ミサイルでは防衛困難だ。ＨＧＶを迎撃する方法は現在開発中ということで、

HGVの飛行軌道

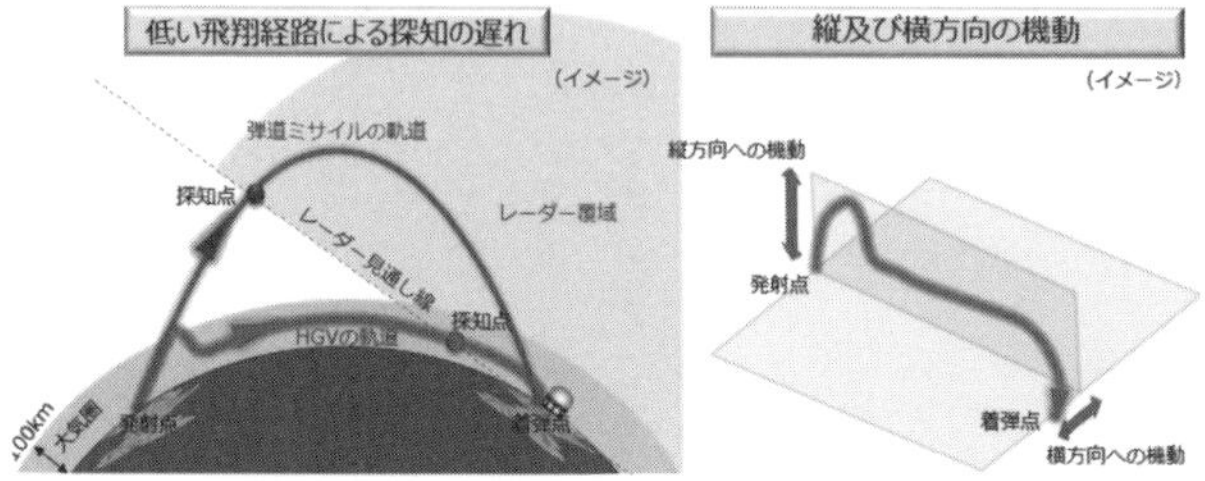

（防衛省ＨＰより）

島嶼防衛用高速滑空弾の運用イメージ

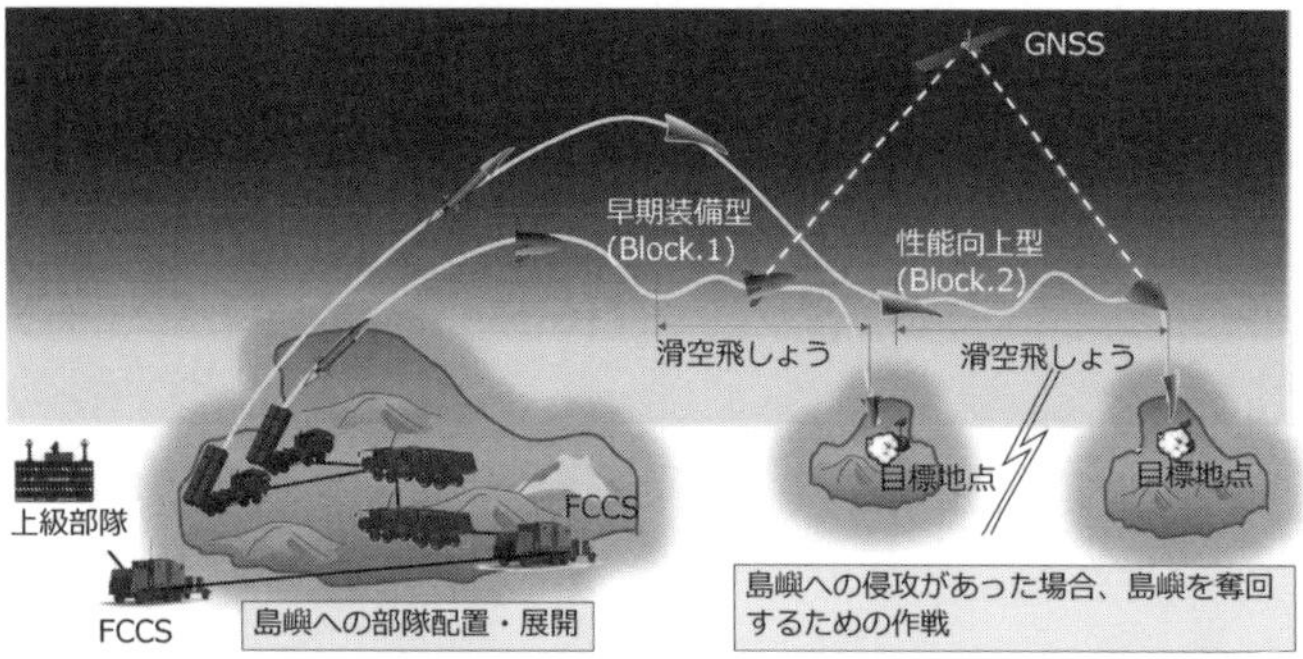

FCCS: 火器戦闘式システム　GNSS: 全球即位衛星システム

（防衛省「島嶼防衛用高速滑空弾の現状と今後の展望」より）

現在のところ「撃たせない」のがもっとも確実な手段となる。

もちろん日本もＨＧＶ開発を視野に入れている。注目したいのが予算に盛り込まれた島嶼防衛用高速滑空弾の開発だ。前ページ下図に「島嶼防衛用高速滑空弾の運用イメージ」を掲載したが、まさに日本版短距離ＨＧＶである。12ＳＳＭをベースに巡航ミサイルが作れるのだから、島嶼防衛用高速滑空弾をベースにスタンド・オフ型のＨＧＶを開発することも可能ということになる。すでにこのミサイルは２０２３年から開発が始まり、２０３０年までの配備を目指す。

このスタンド・オフ・ミサイルと同じように重要になるのが統合防空ミサイル防衛（ＩＡＭＤ「Integrated Air and Missile Defense」の略）である。

これまで日本のミサイル防衛は、弾道ミサイルを対象にしていた。弾道ミサイルはロケットエンジンにより発射された後、弾道軌道、すなわち放物線状に飛翔する。そこで弾道ミサイル防衛（ＢＭＤ「Ballistic Missile Defense」の略）は、イージス艦による上層での迎撃とＰＡＣ－３による下層での迎撃を、自動警戒管制システム（ＪＡＤＧＥ「Japan Aerospace Defense Ground Environment」の略）により連携させて効果的に行う多層防衛を基本としてきた。

ところが既存のBMDシステムでは対応困難なHGVや、小型ドローンの開発、配備が進んだ。このため、探知・追尾能力や迎撃能力を抜本的に強化するとともに、加えて反撃能力を含め、ネットワークを通じて各種センサー・シューターを一元的かつ最適に運用できる体制――IAMDの確立が急ピッチで進められている。

日本に対するミサイル攻撃を、質・量ともに強化されたIAMDで迎撃しつつ、反撃能力を持つことにより、相手のミサイル発射を制約し、ミサイル防衛と相まってミサイル攻撃そのものを抑止する――これが次世代のミサイル防衛だ。

スダンド・オフ・ミサイルとIAMDは今後の日本の国防の重大なキーになるので、次回の見直しの際にはより深掘りする必要があるというのが私の意見だ。

スーパー・イージス艦の建造

IAMDで重要な役割を担う「盾」がイージス艦だが、2024年度予算の「目玉」とも言えるのがスーパー・イージスの建造である。元々は2017年に国家安全保障会議及び閣議導入が決定した陸上配備型イージス・システム、「イージス・アショア」が出発点だ。

海上自衛隊は慢性的な人員不足になっており、海上艦は定期的に整備しなければならない。コストと人員の削減の効果を期待され陸上設置し陸自が運用する予定だった。イージス・アショアの設置候補地は秋田県の新屋演習場及び山口県のむつみ演習場だったが、迎撃ミサイルSM－3のブースターの落下による影響を排除しきれず2020年6月に配備を断念したのである。

残された問題はアショアに搭載する予定だった2機の最新鋭のフェイズドアレイレーダーAN／SPY－7（V）1だ。すでに購入契約を終えているということで、2020年12月、海上で運用するスーパー・イージス艦の開発が決定したのである。

計画では垂直ミサイル発射システムVLS（Vertical Launch System）を2機搭載。各種能力強化に合わせてセル数は、既存のイージス艦「まや型」の96セルに対して、128セルと大幅に増えている。

VLSには弾道ミサイル迎撃用誘導弾を搭載できる高い迎撃能力を持つSM－3ブロックⅡAや、長射程艦対空ミサイルSM－6を運用する。

SM－6は高速の目標や艦のイルミネーターの範囲外にいる目標の捕捉が可能であり、

同時交戦目標数の飛躍的な増加が期待されているミサイルだ。対弾道ミサイル、対航空機、対地・対艦巡航ミサイルの迎撃と、対艦ミサイルとしての攻撃用途にも使用可能となっている。

HGVに対してはGPI（Glide Phase Interceptor の略）と呼ばれる、滑空段階にある超音速ミサイルを迎撃するプログラムをアメリカと共同開発している。予算は約760億円だが、スーパー・イージスには、このような将来装備品への拡張性を持たせた。

同様に導入が確定しているトマホーク、あるいは完成した12SSM能力向上型の発射システムも搭載される。現在開発が進んでいるレーザー兵器などの高エネルギー兵器の搭載も可能で、小型ドローンなどへの対応も行う予定だ。

イージス・システムの「目」となるSPY－7はSPY－1の実に5倍の追尾能力を持っていて、ロフテッド軌道や同時複数の弾道ミサイルに対応できる。データ・リンク・システムによって他艦艇が追尾していた滞空目標をリモートで射撃・誘導を可能とするCEC（共同交線能力）も付与されている。

CECは、あらゆる装備をネットワークで結び、それぞれが捉えた敵の目標情報を共有する仕組みだ。水平線以遠の敵ミサイルも、味方の航空機のレーダーがつかんだ情報をもとに迎撃可能になる。これにより、防空能力が大幅に向上。イージス艦である「まや型」、「あたご型」にも装備されている。

既存のイージス艦は運用に約300人が必要だが、スーパー・イージスは20％以上省人化した約240人で運用できるように設計される。

IAMDの中心的な役割を担うスーパー・イージスは2023年に設計が開始され、2024年中に建造が開始する予定だ。2028年に1番艦が、2029年に2番艦が就航予定となっている。

スタンド・オフ・ミサイル原潜保有の議論を

抜本的な防衛力強化という意味で私は日本型原子力潜水艦保有の議論を始めるべきだと考えるようになった。

潜水艦は攻撃型潜水艦と戦略型潜水艦の2種類に大別できる。攻撃型潜水艦は対潜水艦、対水上艦艇を主な任務としているので、主装備は魚雷や機雷。敵艦艇を探知・追跡・攻撃し特殊作戦部隊の支援や情報収集も行う。通常は水上艦と同じくらいの大きさだ。現在、海上自衛隊が保有しているのは攻撃型潜水艦のみである。

対して戦略型潜水艦は戦略弾道ミサイルの運用が主な任務だ。海の深い深度を移動するミサイル基地としての役割を果たす。大型のミサイルを大量に運用することから、攻撃型よりも大きな船体になっている。

深海に長時間潜むため、多くの戦略型潜水艦は核動力を持ち、核弾頭を搭載した弾道ミサイルを運用する。たとえ地上の核発射施設が敵の核ミサイルによって全滅しても反撃できることから「人類最後の報復兵器」とも呼ばれる。

実は私は日本が原潜を保有することを肯定的に考えていなかった。理由の一つが政治だ。原潜のメリットは長い航行時間と潜行能力だ。原子炉を使用して電力を生成し電気モーターを駆動するため、ディーゼル発電型のように浮上してシュノーケリング（換気）する必要がない。浮上は潜水艦の最大の武器「ステルス性」を失う瞬間なので、そのメリットは計り知れない。

ところが現在のように日本が東シナ海、太平洋の一部をカバーしているのであれば、現在の通常動力型で機能は十分満たされている。攻撃型原潜を持てば南シナ海、インド洋を日本も担当することになるが、現在の海自の隊員数や運用態勢に加えてはたして有権者の支持が得られるのかは疑問だ。

ならば政治が有権者に説明して理解を求めるということになるが、日本では中国を正面から批判する政党が日本共産党だけという極めて歪《いびつ》な状況である。だから私の中国についての批判的な国会発言をもっとも よく掲載するのが赤旗になる。「自民党の佐藤議員からも……」という赤旗記事に触れる、自民党議員の私の心中は極めて複雑だ。

1963年に茨城県東海村で日本初の原子炉が運転を開始。核の平和利用が推進されていた1969年に原子力船「むつ」が進水した。しかし1974年に中性子線が漏れる「放射線漏れ」が発生してしまう。

ところがメディアは、あたかも放射性物質が漏れる「放射能漏れ」のように報じた。放射線と放射性物質はまったく違うのだが、「核」に対する感情がそれをひとくくりにしてしまったのである。

結果、母港である青森県むつ市は帰港を拒否して、「むつ」は長時間洋上に漂泊。78年に佐世保で改修されたが、反対運動が起こった。こうして「むつ」は日本で最初で最後の原子力船となってしまったのである。

こうなると原潜の寄港地選びは難航することは間違いない。政治の大きな仕事は法律の作成だが、前述した政治状況にあって原潜保有のための法整備どころか議論も難しかった。

ところがここ数年、有権者の「国防」、「安全保障」、「経済安全保障」に対する認識は変化している。防衛力増強についての世論調査は概ね半分が賛成し、安保3文書改定時にも強い反対運動は起こらなかった。

世論の変化の根底にあるのは日を追う毎に増す中国の脅威ではないか。

私は中国のリアルを一般有権者よりは知悉している。その私が「必要である」と主張する「反撃能力原潜」は核兵器を運用をするものではなく、通常弾頭のスタンド・オフ・ミサイルを運用するものだ。「最後の報復兵器」を保有している抑止力効果は計り知れない。中国が誤った判断をしない大きな材料になるだろう。

世論や周辺状況の変化を合わせれば、日本もスタンド・オフ・ミサイル原潜保有の議論を始めるべきではないか。

陸自隊員の「海の人」育成

これまで自衛隊員の目的は所属する部隊の専門職になることだ。陸自なら「陸」、海自なら「海」、空自なら「空」のプロとなって定年を迎えるのが自衛官の生き方と考えられていた。ところが少子高齢化の影響で危機的な人手不足が発生した。加えて日本の防衛環境と周辺状況の変化がこれまでにない動きを、自衛隊内に生み出している。

ご存じのように南北に長い日本列島は北方をロシアに接し、南方は赤道に近い。当然のように防衛装備品も一律にはできない。国土が狭いのにもかかわらず多様な防衛装備品が必要になるところが、日本の国防の難しいところだ。

北方が仮想するのはロシアである。ソ連時代、スターリンは釧路から留萌を結ぶ直線以北をソ連の占領地とする北海道占領計画を持っていた。この計画は、「北海道スターリンライン」または「留釧の壁」とも呼ばれているが、戦略原潜の「オホーツク海の聖域化」を確実にする観点からソ連が崩壊しロシアになった現在でも計画自体は生きているとされている（次ページ図「北海道スターリンライン」参照）。

ウクライナ戦争でも明らかなように、大陸国家であるロシアの軍は強力な戦車や大砲を装備している。そこで北方方面は無限軌道の戦車や、砲など重武装を装備する必要が生まれるのだ。

南方方面の場合は、仮想する相手は中国になる。北海道のような広大な大地ではなく、

北海道スターリンライン

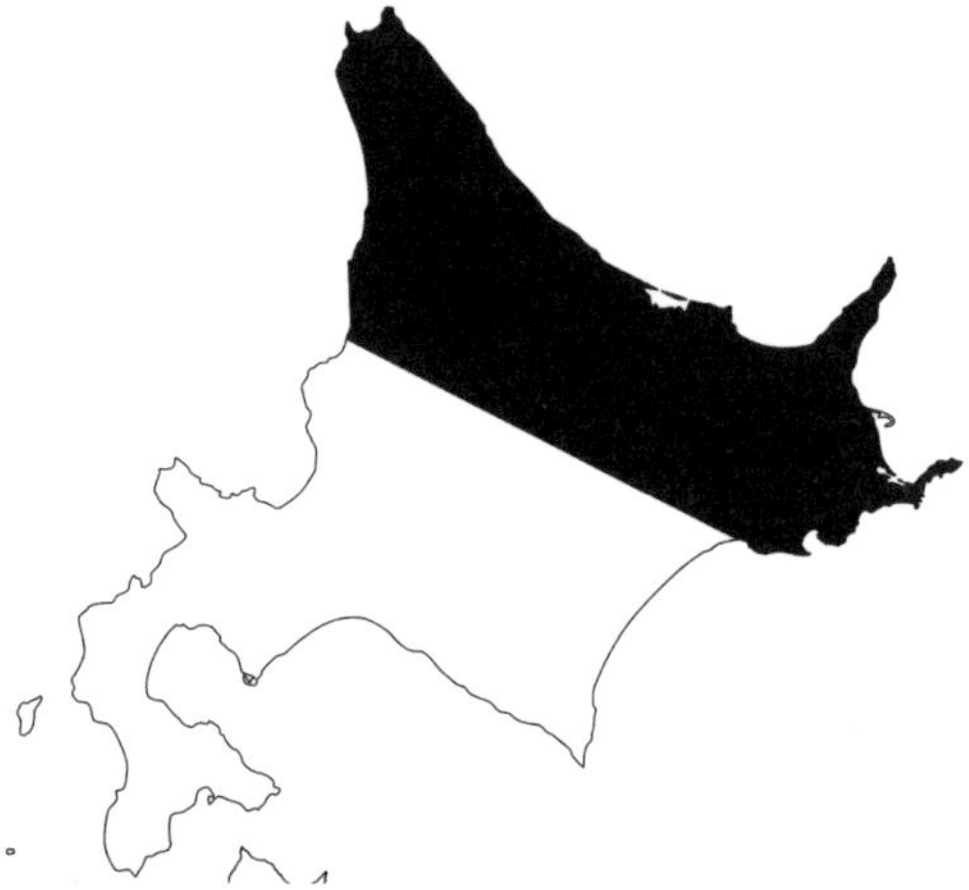

舞台は海と島嶼の防衛だ。北方方面の戦車と違い、8輪のタイヤで動く16式機動戦闘車が開発されたのも、島嶼防衛を強く意識したからだ。ところが島嶼防衛には大きな壁がある。

それが迅速な機動・展開力の不足だ。

島嶼部への攻撃に対応するには、海上優勢と航空優勢を確保しながら、上陸阻止や奪還に使う陸上戦力を迅速に機動・展開させなければならない。ところが自衛隊保有の輸送艦艇は、海上自衛隊が保有するおおすみ型輸送艦3隻と、小型揚陸艇「輸送艇2号」1隻しかない。不足する輸送力をカバーするため、防衛省はPFI方式で民間フェリー「はくおう」と「ナッチャンWo rld」と契約している。ところが両船ともに船体が大きく、南方方面の島嶼にある小規模な港を利用して「迅速に機動・展開」する輸送には向いていない。

そこで「自衛隊海上輸送群（仮称）」が新編されることになった。

2025年3月末までに予定されている発足時の人員は100人規模。陸自の大型輸送ヘリCH－47JAが12機、空自の同CH－47Jが5機、汎用ヘリUH－2を16機を調達。さらに機動舟艇を3隻取得。2027年度末までに中型級船舶2隻と小型級船舶4隻、機動舟艇4隻の計10隻体制にする計画だ。

平時から有事まで、島嶼部を含む基地や地域へ必要な部隊や物資を迅速に機動・展開できる輸送力を強化する。

本来なら海自に輸送力増強を頼りたいところなのだが、海自の人手不足は極めて深刻だ。新編される「海上輸送群」に人を回す余裕がない。輸送される部隊や補給品の所要は、ほとんどが陸上自衛隊用だ。そこで海上輸送群の運用は米陸軍の海上輸送部隊に習い、陸自が中心となる。

陸の人が船を動かすのだ。

広島県の江田島は、旧帝国海軍時代から教育施設が置かれている海上自衛隊の聖地だ。

2024年段階で、海上自衛官に交ざって約30人の陸上自衛官が「海の人」になる教育を受けている。

出身の多くは「輸送科」だが「普通科」、「特科」、「機甲科」と幅広い。約2年で陸自隊員100人を養成し、2027年度末の10隻体制時までには数百人規模を育成する予定だ。

このように自衛隊は縦割りの壁を排除して、総力を挙げて抜本的な防衛力強化に取り組むようになったのである。

ロジスティックスの底上げ

海上輸送群の目的は「迅速な機動・展開」に留まらない。いくら部隊を迅速に機動・展開しても物資の配給や整備、兵員の展開や衛生、施設の構築や維持などのロジスティックス（兵站）が伴わなければ、運用は不可能だからだ。

世界中のあらゆる軍隊にとって作戦成功の要になるのはロジスティックスの構築である。ところが日本では国防ロジスティックスの根幹部分となる防衛産業が崩壊の危機に瀕している。

2019年にコマツが撤退したのを皮切りに、2021年には住友重機械工業が新型機関銃の生産を中止。三井E&Sホールディングス（旧三井造船）、日立造船が防衛産業からの撤退を発表。川崎重工業は防衛事業の縮小を決めた。

この流れは2024年になっても続いていて、航空機用のアクチュエータやブレーキなどを製造していたカヤバは航空機事業から撤退した。また日立造船、三菱電機、IHIは防衛事業の再編、縮小を、日揮ホールディングスは防衛事業の売却を検討中だ。

防衛省や自衛隊と直接取引している企業は全国で4425社。戦車1両につき実に1000社以上の企業が関わっているとされている。防衛費が大幅増加したのにもかかわらず、増えたのは米国製装備品の購入だ。日本勢への新規発注は限定的で、これらの企業は、防衛産業の採算性や国内市場の限られた需要しかなく、経営の危機に直面している。

経済安全保障の観点から見れば装備品の生産は「国産」である方が望ましい。またウクライナ戦争では近代戦でも「継戦能力」の重要性が再認識された。その要となる国内防衛産業が雪崩のように崩壊しようとしているのだ。

対照的な国が韓国である。

2023年の韓国の防衛産業の総輸出額は130億ドル（1兆8600億円）だった。

韓国はＮＡＴＯとの関係強化を目指して、成長に取り組んだ。新興国や北欧諸国、豪州などに対しても兵器の輸出を成功させている。主力製品はＫ９自走砲やＴ50空軍練習機。米国製は高性能だが高額ということで、その国の経済力に合ったスペックと価格が魅力となっている。

この成長は一朝一夕で成し得たものではない。かつて韓国の防衛産業は「惨状」そのものだった。

戦車Ｋ１の火災検知器を米国製から自国製に変えたところ、砲を左に向けて発射すると消火用のガスが噴射してしまう、ドリフのコントのような事故が発生。全車改修となった。水陸両用の歩兵戦闘車Ｋ12は、２００９年12月に川で水没。２０１０年７月には試験用の池に浮かべた車両に浸水し、溺死者を出す。

２０１０年11月には、韓国の延坪島を北朝鮮が砲撃する事件が勃発した。ところがＫ９は軒並み故障して2秒しか反撃できず全弾飛びすぎて、敵の陣地のはるか後方の畑を攻撃した。

韓国は１９９８年から自国製自動小銃Ｋ11の開発を開始。銃弾だけでなく、20ミリの炸裂弾を発射でき、夜間暗視装置も一体化させようとした。開発に約13億円かけ超ハイテクライフルは完成したのだが、あまりにも色んな装備を付けたことで重量過多となる。平均的な小銃3～4kgに対して、K11の予備弾丸を含めた総重量は何と約10kgと携帯困難な重さとなった。

当初80丁が納入されたが、スイッチを入れた瞬間に故障し、その不良率は47．5％。夜間暗視スコープの故障が多発したばかりか、期待された炸裂弾の暴発事故が多発し、配備が中止となった。

また強襲揚陸艦「独島」には対艦ミサイルを撃墜するためのCIWS「ゴールキーパー」を2台装備させた。艦の前後に設置したのだが、後方をなぜか高い場所に設置してしまう。対艦ミサイルは海面すれすれを飛翔するのだ。後方のゴールキーパーがミサイルを攻撃する場合、甲板上に置いてある味方のヘリを攻撃してしまう「オウン・ゴール仕様」となったのである。

相次ぐ失策に失笑が絶えなかったが、この惨状から10年で見事に立ち直った。

日韓の差が生まれた根底は国のバックアップだ。韓国は国策として防衛産業に取り組み、世界の市場の動向を調査し、ロースペック・低価格の製品販売に国全体で取り組んだ。こうして輸出によって防衛産業を復活、成長させたのである。

立ちはだかる「武器輸出三原則」

防衛装備品の輸出はビジネスの枠に留まらず、国のプレゼンスそのものを上げる効果がある。ウクライナの隣国ポーランドでは「アジア」と言ったら日本ではなく、韓国というほどの存在感を示しているのだ。

防衛産業を復活させる手段の一つが「輸出」だが、立ちはだかるのが「武器輸出三原則」である。

元々は1967年に佐藤栄作総理が①共産圏諸国、②国連決議による武器禁輸対象国、③国際紛争の当事国またはそのおそれのある国には武器輸出を認めないとした、武器輸出三原則が土台になっている。1976年に三木武夫総理が三原則の「武器」を「軍隊が使用し直接戦闘の用に供されるもの」と定義して、①三原則対象地域への武器輸出を認めない、②それ以外の地域も武器輸出を謹む、③武器製造関連設備の輸出も武器輸出に準じる、として武器輸出を事実上禁止にした。

歴代政権では例外が認められることがあったが、2014年4月に安倍元総理が防衛装備移転三原則を閣議決定し再整備した（次ページ「防衛装備移転三原則等の概要」参照）。輸出規制は緩和されたものの、殺傷能力を持つ武器輸出は2024年3月現在、事実上ほぼ輸出禁止となったままである。

このことは防衛産業の成長だけではなく、安全保障の障壁にもなっている。

そこで考えたいのが、皆さんが日常で行っている「他人との貸し借り」だ。連れだって飲み屋にハシゴをすれば、ここは私が払う、次は私が、という「貸し借りの等価交換」はありふれた風景だ。国際社会にも「貸し借り」はあるが、日常生活のそれより、はるかにシビアだ。

西側の同志国が中心になって挑んだ1991年の湾岸戦争で、日本は135億ドル（日本円で約1兆7500億円）もの財政支援を行った。ところが国際社会からは「小切手外交」と非難される。同志国は犠牲者が出る痛みを覚悟で「ヒト」を出したのに、日本は「ヒト」を出さなかったからだ。

まさにシビアな「貸し借り」である。

この国際社会の現実に照らし合わせて、日本有事の際に喫緊の問題になるのが「継続戦闘能力」略して「継戦能力」である。アメリカとイギリスは自国の継戦能力を犠牲にして

防衛装備移転三原則等の概要

◦ かつて政府は武器輸出三原則等により、実質的には全ての地域に対して輸出を認めないこととしたため、輸出の必要 が生じるたびに官房長官談話等を発出し、例外化措置を重ねてきた
◦ 防衛装備移転三原則は、新たな安全保障環境に適合するよう、これまでの例外化の経緯を踏まえ、防衛装備移転 の考え方を包括的に整理し、その基準と手続を明確化したもの

【原則 1】移転を禁止する場合を明確化し、次に掲げる場合は移転を認めない

1. 我が国が締結した条約その他の国際約束に基づく義務に違反する場合
2. 国連安保理の決議に基づく義務に違反する場合
3. 紛争当事国への移転となる場合

【原則 2】移転を認め得る場合を次の場合等に限定し、透明性を確保しつつ、厳格審査

1. 平和貢献・国際協力の積極的な推進に資する場合
2. 国際共同開発・生産の実施
   安全保障・防衛分野における協力の強化並びに装備品の維持を含む自衛隊の活動及び邦人の安全確保の観点から我が国の安全保障に資する場合 等

防衛装備の海外移転を認め得る案件

1. 平和貢献・国際協力の積極的な推進に資する場合
2. 我が国の安全保障に資する場合
   - 国際共同開発・生産 (部品を融通し合うシステムを含む)
   - 安全保障・防衛協力の強化
     - 米国からのライセンス生産品に係る部品や役務の提供、米軍への修理等の役務提供
     - 安全保障面での協力関係がある国に対する救難、輸送、警戒、監視及び掃海に係る防衛装備の移転
     - 国際法違反の侵略を受けているウクライナに対して自衛隊法第 116 条の 3 の規定に基づき防衛大臣が譲渡する装備品等に含まれる防衛装備の海外移転 等
3. 誤送品の返送、返送を前提とする見本品の輸出等の安全保障上の観点から影響が極めて小さいと判断される場合
   - 自衛隊等の活動、邦人の安全確保に必要な輸出

【原則 3】目的外使用及び第三国移転に係る適正管理の確保
原則として目的外使用及び第三国移転について我が国の事前同意を相手国政府に義務付け

でも、ウクライナに弾薬を送り続けた。2018年〜2022年5月までの間に、アメリカはウクライナに対戦車攻撃システム「ジャベリン」を7000基送っている。これはアメリカ軍が備蓄したジャベリンの3分の1以上の量だ。

軍事的に考えればアメリカの対戦車継戦能力は相当乏しくなった。今、中東やアフリカで米軍が海外作戦を行っても拠点防衛すらできないほどの量をウクライナに提供していたのだ。

「政治」の障壁

こうしたリスク共有をしているからこそ、アメリカは有事の際に他国に弾薬の提供を求めることができる。台湾・日本有事の際に米軍が日本に弾薬の提供を求めることは、米海兵隊司令官が明言している。

ところが殺傷兵器移転を禁止した「防衛装備移転三原則」により、物品役務相互提供協定（ACSA）を締結している国以外には、弾薬提供を実現することはできない。しかもACSAでさえ弾薬提供は法的縛りがあった。

そこで日本政府は2023年12月22日、防衛装備移転三原則と運用指針を改定。他国の特許を使う日本のライセンス生産品について特許を持つ国への輸出を全面解禁したのである。その結果、PAC－3用の迎撃ミサイル「パトリオット」の米国への逆輸出を正式に決定した。

並列して求められたのが155ミリ砲弾だ。同砲弾は世界の標準とも言えるもので、ウクライナ戦争で大量に消費され、供給した同志国は深刻な155ミリ砲弾不足問題に直面している。日本ではコマツがイギリスのBAEシステムズからライセンスを受け、自衛隊向け砲弾を生産している。「パトリオット」同様に逆輸出が模索されていたが暗礁に乗り上げてしまう。

同種の問題で難航していたのがF－15エンジンのインドネシアへの輸出だ。

現在、日本の航空自衛隊は約200機のF－15を保有している。今後、10年を目処に約半数の100機をF－35Aに置き換える計画だ。F－15は双発なので、まだ動く200機の中古のエンジンは処分の日まで倉庫に保管されることになる。

一方でインドネシア空軍はF－16を運用している。日本のF－15のエンジンとインドネシアのF－16のエンジンは互換性がある。そこでインドネシアにF－15の中古エンジンを輸出しようという計画が持ち上がっているのだ。

前述したように同志国を増やすことは日本の安全保障にとって重要なカギになる。インドネシアへのエンジン供給は、東南アジア諸国と安全保障面の協力関係を強化する効果が期待できる。またエンジン製造元のＩＨＩの井手博社長は２０２３年５月９日の決算説明会で、

「同盟国、同志国と一体となって防衛力を強化していくという意味では、装備移転は大きな意味合いを持つ。大いに期待している」

と述べた。

問題になるのが「殺傷能力のある装備品の輸出」だ。エンジンそのものに殺傷能力はないが、結果的に殺傷能力を持つ兵器に搭載される――この解釈を巡って慎重論が根強いのが、公明党である。

意思決定までに時間がかかるのが民主主義の特長だ。それゆえ暴走するリスクをコントロールできる。だがロシアは現実的にウクライナに暴発した。中国の暴走は待ったなしの状況だ。

国際社会のシビアな「貸し借り」や、国内防衛産業衰退問題を考慮すれば、さらなる輸

出解禁が必要である。前向きな議論を期待したい。

機微技術のデュアルユース

ここまでロジスティックスについて解説をしてきたが、現在、喫緊に取り組まなければならないのが「技術」のロジスティックス整備だ。2014年のクリミア侵攻以来、世界の戦争は軍と民の境界線をなくしたハイブリッド戦術が用いられていることは解説した。

軍事技術も同様の動きが活性化している。軍と民の境界線をなくした融合がより積極的に行われるようになっている。

きっかけは中国である。

2017年に中国は、中央軍民融合発展委員会を新設。習近平国家主席自らが初代主任に就任し、李克強首相（当時）が副主任の一人となった。現在の副主任は中国工業情報化部部長を兼任する金壮竜だ。

中央軍民融合発展委員会によって、中国の軍産企業と大手金融機関による軍民融合産業発展基金の設立など、軍事技術の民生利用促進が行われた。軍需産業の民営化を促進する一方で「新興領域」である海洋、宇宙、サイバー、人工知能（ＡＩ）などにおいては、民間技術の軍事転用を積極的に行っている。

一党独裁体制の最高権力者が音頭をとって軍民融合を主導するのだから、逆らう者などいるはずもない。中国では軍と直結する大学は国防七校と呼ばれるが、２０２０年５月にはアメリカ商務省がハルビン工業大学とハルビン工程大学を輸出規制リストに入れている。

対する日本では日本学術会議が軍事研究を行わない方針を堅持。その結果、民間企業が出資して大学研究室と共同で研究を行う産学共同でさえ、軍事研究という批判が浴びせられることがあった。日本学術会議は２０２０年に軍事研究凍結を雪解けさせたものの、軍民の研究を「単純に二分することは困難」という消極的な見解だった。

そこで２０２２年、２０２４年度中に防衛装備庁内に「防衛イノベーション技術研究所（仮称）」を設置することが決定した。同研究所がモデルにしているのが米国防総省傘下の国防高等研究計画局（ＤＡＲＰＡ《ダーパ》）や同省の国防イノベーションユニット（ＤＩＵ）だ。

ＤＡＲＰＡの前身は高等研究計画局（ＡＲＰＡ）だが、ＡＲＰＡは１９６９年、世界で初めてパケット通信コンピュータネットワークＡＲＰＡＮＥＴを開発、運用した。これが後のインターネットである。ＤＡＲＰＡは、民間で投資を集めづらいリスクの高い研究へ

防衛イノベーション技術研究所の運用イメージ

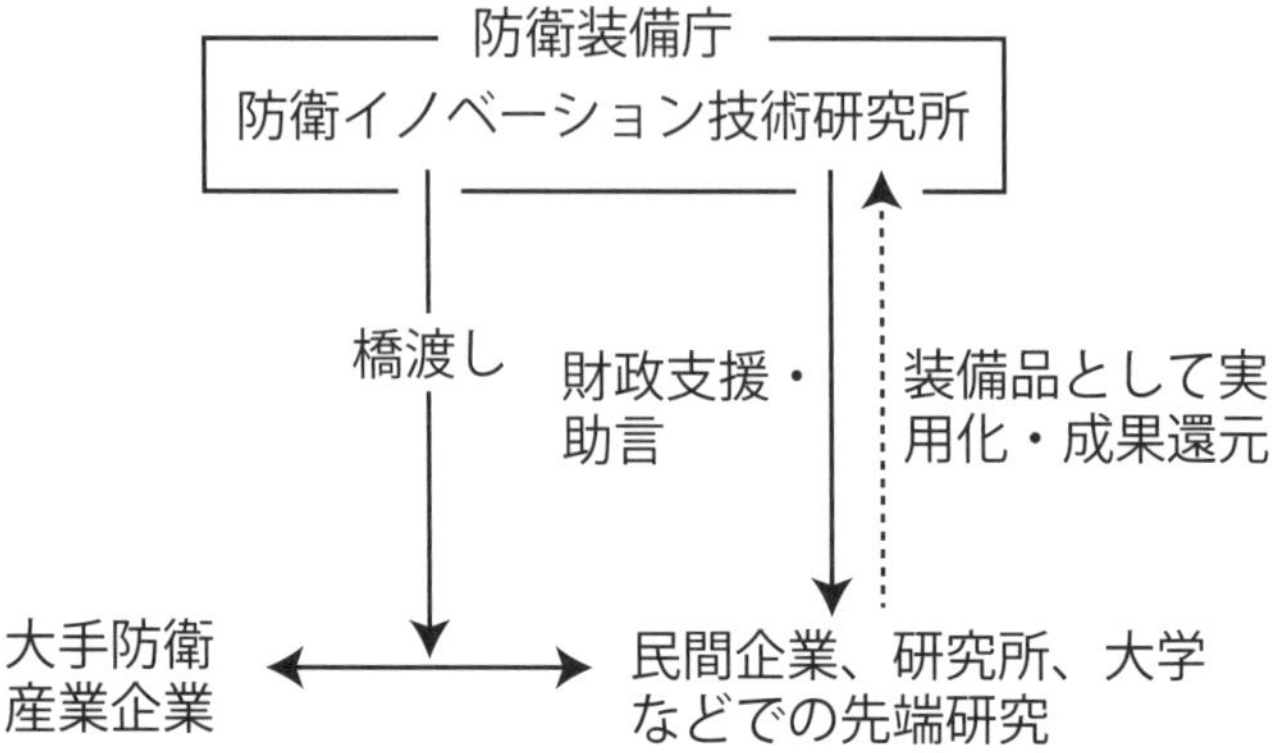
防衛装備庁
防衛イノベーション技術研究所
橋渡し
財政支援・助言
装備品として実用化・成果還元
大手防衛産業企業
民間企業、研究所、大学などでの先端研究

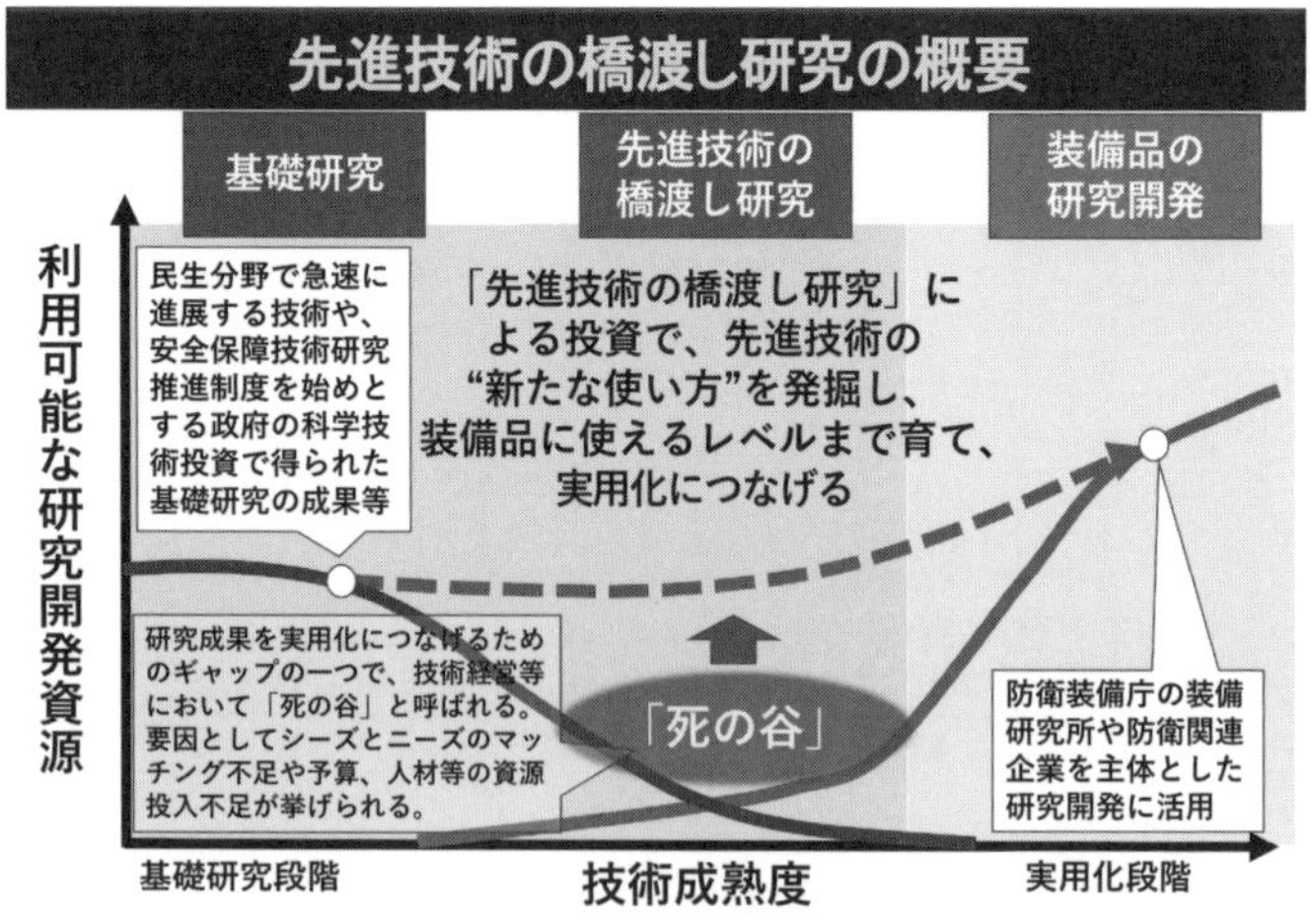
先進技術の橋渡し研究の概要
基礎研究
先進技術の橋渡し研究
装備品の研究開発
利用可能な研究開発資源
民生分野で急速に進展する技術や、安全保障技術研究推進制度を始めとする政府の科学技術投資で得られた基礎研究の成果等
「先進技術の橋渡し研究」による投資で、先進技術の“新たな使い方”を発掘し、装備品に使えるレベルまで育て、実用化につなげる
研究成果を実用化につなげるためのギャップの一つで、技術経営等において「死の谷」と呼ばれる。要因としてシーズとニーズのマッチング不足や予算、人材等の資源投入不足が挙げられる。
「死の谷」
防衛装備庁の装備研究所や防衛関連企業を主体とした研究開発に活用
基礎研究段階
技術成熟度
実用化段階

の支援を手がけGPSも誕生させている。

DIUはアメリカ国防省と企業の橋渡し役を担い、サイバーや無人機などに用いる民生技術の発掘を行う。DIUは、国防産業に関わってこなかった情報通信技術産業の企業と接触し、ファンディングすることもある。また国防省の技術開発関係者と連携して様々なイノベーションのアイディアを取り込むための仕組みを作る役割も果たす。

防衛イノベーション技術研究所は①挑戦的な目標設定、②外部人材の積極活用とシンプルな意思決定、③スピード重視の三本柱を目標に掲げ、安全保障技術研究推進制度（104億円）、ブレークスルー研究（仮称）（102億円）、さらに先進技術の橋渡し研究（187億円）に取り組む（前ページ上図「防衛イノベーション技術研究所の運用イメージ」参照）。

特に注目したいのが「技術の橋渡し」だ。民間の基礎研究の中には市場のニーズや費用対効果の壁に当たって中止になるものがある。そうした棄てられる技術の中には、防衛装備品の開発、防衛技術の開発などでは実用化できるものがあるはずだ。そこで前ページ下図「先進技術の橋渡し研究の概要」にあるように、「死の谷」から技術をサルベージして防衛関連技術として実用化を促すのが「橋渡し」である。

まさに「防衛イノベーション」を積極的に起こそうという意欲的なプロジェクトだ。

このように物流や産業、技術面でのロジスティックスが急速に整備される中、もっとも最優先で整備されなければならないと私が考えているのが「自衛官」の労働環境である。

次章ではそのことについて解説を進め、提言を行う。

第5章

国防の要は「自衛官」

人は城　人は石垣

前述したが2024年度の防衛予算は歳出ベースで過去最高の約7兆7000億円（SACO経費除く）で、ここに約5000億円の補正予算と、米軍再編経費約2000億円が加わるのが昨今のパターンだ。合計8兆2000億円と過去最高を更新するが、2025年度予算はここにさらに1兆円ほど増える。

ここまで解説したように防衛力の抜本的強化のための費用である。

そこで皆さんには、何を「強化」すれば防衛力が抜本的に強化できるのか考えていただきたい。それは、宇宙・サイバー・電磁波といった新領域に対して常時優勢となるためのシステムだろうか、あるいはスタンド・オフ・ミサイルやスーパー・イージスなどの新たな防衛装備品だろうか。

どうしても旧前方兵器の強化に向かいたがるのが防衛関係者全体が陥りがちな思考だ。どうしても派手な火力や艦船などの大型の装備品、戦闘機などに興味を向けがちなのだが、そこを強化することだけが「抜本的強化」ではない。

2024年度予算作成に当たって政治家である私がもっともこだわったのは「人」である。つまり自衛官の処遇改善だ。頑張った人には頑張った分の手当を、優秀な人が入隊したくなるような職場環境を、その改善こそが「抜本的強化」だと考えているからだ。

人こそ「城」であり、人こそが「石垣」である。自衛隊は世界でも類を見ないほど強い。その強い自衛隊をさらに強くするのは「人」、すなわち自衛官だ。「仮想敵」を倒すために強くなるのが世界の軍隊だが、自衛隊の「強さ」の理由は「優しさ」だ。「優しい」から「強い」という世界でも稀にみる特長を持った組織である。

2024年1月1日、能登半島で巨大地震が発生した。

多くの方が犠牲となられ、今なお安否が不明の方がいらっしゃること。また避難を余儀なくされている方が多いことに深く心を痛めています。亡くなられた方々に心から哀悼の意を表しますとともに、御遺族と被災された方々に心からお見舞いをお伝えいたします。

この激甚災害にプッシュ型の支援を行い、自衛隊員も動員された。問題だったのは「能登半島」という地勢である。半島というのは読んで字のごとく半分が島で半分が海だ。陸地の面積が狭い上に、能登半島は中心に向けて急峻な構造になっている。平地とは違って大量の人員を広範囲に展開することはできない。

点在する孤立地帯は少子高齢化の影響で高齢者が多く住む。「我慢」をしてしまう年代であることから、行わなければならなかったのは孤立した地域や避難所や各家庭を訪問しての「御用聞き」と支援物資の運搬だった。

そこで「御用聞き隊」を編成。隊員は道なき道を行き、時に太ももまで泥水に浸り、雪を踏み、崖を登りながら孤立地域を訪ね被災者の要望を手帳に書き留める。その要望を叶えるべく、翌日も道なき道を走破し、御用聞きを行い…この被災者への寄り添い支援を繰り返すのである。

被災地で救援を行う全自衛隊員に私は深い感謝をしている。このようなことができるのも日頃から国防のために、これ以上ないほど厳しい訓練をしているからだ。災害において消防は瞬発、自衛隊は持久力と呼ばれる。なぜなら自衛隊だけが現場に最後まで残るからである。

最後まで現場に残る

2018年9月6日、北海道で胆振東部《いぶりとうぶ》地震が発生した。ちょうど私は海外出張に行っ

ていて、帰国後、すぐに現場に向かった。安平町の及川秀一郎町長は、

「佐藤先生、遅かったね。先生が来る1時間前に最後の行方不明者が見つかりました。もう自衛隊も警察も消防も撤収を始めていると思います」

と告げた。はたして現場に行くと消防と警察の方は確かに撤収を開始している。ところが自衛隊だけは黙々と現場を捜索しているのだ。そこで私は隊長に尋ねた。

「あとどのくらい捜索をやるんですか？」

すると隊長は、

「最低でも一日半は捜索を行います」

と言う。すでに行方不明者が発見されているというのに、何を捜索するのか…私がその理由を聞くと隊長は、

「最終確認です。指が一本でも残っているかも知れませんし」

と答えた。もちろんご遺体の部位を探すというのは「建前」だ。捜索しているのは「遺品」である。

「ご遺族に寄り添う気持ちで一つでも多くの遺品を見つけてあげたい」

これが本音だ。この時は家が土砂に30メートルほど流された。自衛隊の力でなければ下

敷きになった中から遺品を探すことなどできない。土砂の中からアルバムを見つけて、それを丁寧に洗っている姿を見て、私はこう思った。

「やっぱり自衛隊だな」

自分たちが守るべき人がいる。守るべき地域がある。国がある。そのために自己を犠牲にしてひたすら「利他の精神」で行動する。自衛官はコミュニケーションが得意ではないし、ことさら自分たちのことを喧伝もしない。だからこういう姿を多くの国民は知らない。

能登地震でも同様のことが行われているのに違いない。災害が起こる度、多くの被災者は自衛隊に感謝する。だが、だからといって被災したご両親が自分の子供を自衛官にしたいということにはならないのだ。

その大きな理由の一つが「待遇」だ。「待遇」には社会的待遇と、給与面や福利厚生を含めた労働の待遇があり両者は連なっている。前者について、「国防」の主軸であるはずの自衛隊が、どのような扱いを受けてきたのか――自身の経験を交えながら伝えよう。

反対派を気遣って「裏門から出ろ」

私がイラク復興支援業務隊の先遣隊として現地に飛び立ったのは2004年1月16日のことだった。

2003年3月19日に開戦したイラク戦争は、同年5月1日に連合軍側が「戦闘終結宣言」をしたことで終戦の形にはなっていた。だがイラク国内の混乱は続く。出発約1カ月半前の2003年11月29日には、私が調査に行っていた時に一緒に行動していた外務省・奥克彦参事官が武装グループに銃殺されるという事件が起こる。

奥参事官は外交官の肩書きを「連合暫定施政当局 日本代表」に変えて行動していた（次ページ「奥参事官が現地で使っていた名刺」参照）のだから、どこかから情報が漏れ、狙われたということだ。以降、命日には亡くなった「戦友」の冥福を心から祈っている。

当時、マスコミは「自衛隊が初めて戦闘地域に派遣される」、「間違いなく死者が出るだろう」という論調でイラク派遣を報じていた。出発当日、隊長の私以下30人は、防衛庁で隊旗を授与された後、家族との別れの時間を過ごす。小さな子供がお父さんの迷彩服を

奥参事官が現地で使っていた名刺

バスラ空港での奥氏（右端）

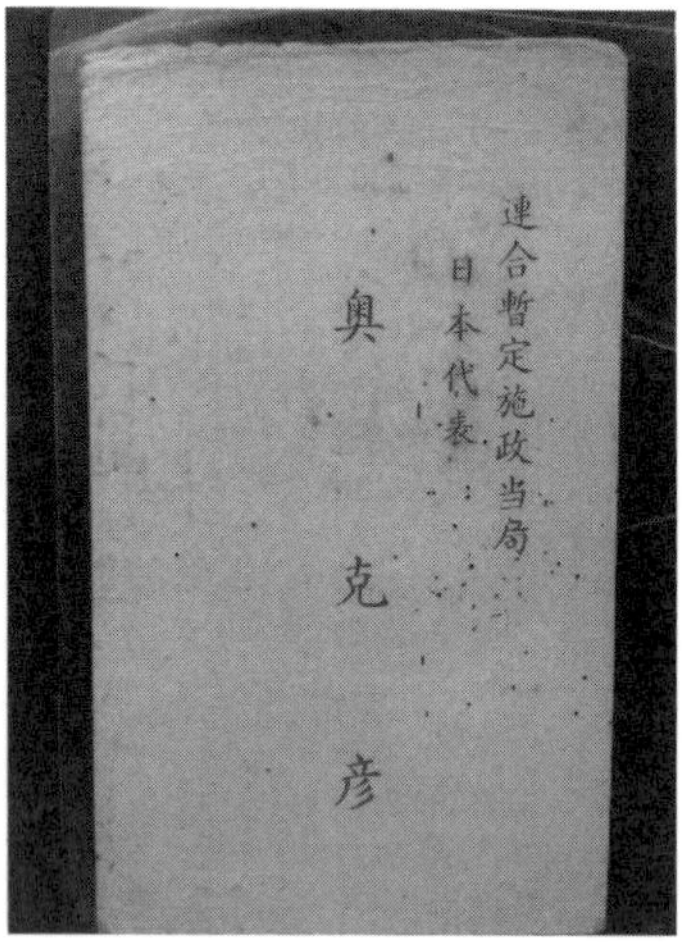

ぎゅっと握って、

「行って欲しくない」

と手を離さない。その横では奥さんが泣いている……悲壮な覚悟が交錯する防衛庁（当時）内部に対して、正門前には反対派が集まり、

「自衛隊の海外派兵は憲法違反だ！」

というシュプレヒコールを繰り返していた。あろうことか防衛庁内部局は我々に、

「正面に反対派がいるから裏門から出てってくれ」

と告げてきたのだ。隊員たちは命令で危険な地域に行くのに、浴びせられるのは「憲法違反」。しかも、身内である防衛庁からも「裏門から出ろ」だ。

悲しくなるのは当然である。

助け船を出してくれたのは、その事態を聞きつけた防衛庁副長官・今津寛衆議院議員（当時）だった。

「俺が掛け合う。ふざけるな。これから日本のために頑張ってくれる隊員を裏門から出すなどあり得ない！」

そうして今津議員は、ものすごい剣幕で石破茂防衛庁長官（当時）と掛け合ってくれて、

ようやく正門から出られることになったのである。

見送る家族に敬礼をし、成田空港行きのバスに向かったが、ほとんどの女性が涙を流している。嗚咽してうずくまっていた隊員のお母さんもいた。隊長である私が泣いたら全員が泣いてしまう、そうすれば見送る家族に不安を与える——そう自分に言い聞かせて必死に涙をこらえていた私がいた。

その後、バスの車内で私たちは迷彩服を脱ぎ、スーツに着替えることになっていた。なぜか——成田空港事務所は自衛隊が来ることは許可したが、迷彩服では使用させないことを告げてきたからだ。

「イラク派遣への反対意見が強いから、巻き込まれたくない」

という意図は明白だった。日本の航空会社も横並びの対応をした。日本航空、全日空を含めて、スーツでも搭乗を拒否したのである。結局、アメリカ航空会社、ノースウエストの航空機でバンコクまで行き、そこでトランジットしてのイラク入りとなった。

成田空港では、ある隊員の母親から、

「隊長、最後に自分の息子と一緒に写真を撮ってください」

という申し出があった。もちろん快諾したが、その母親はシャッターが切れない。肩が

震えて泣いている。その時、私は、

「あぁ、そういう意味の『最期』か……」

と理解した。この瞬間に、

「絶対帰ってくる。隊員を家族の元に返す」

と固く誓ったのである。出発の瞬間まで、空港に集まった反対派は「自衛隊の海外派遣は憲法違反だ」と声を上げていた。バンコクに向かう機上でCAのトップの方が私にこう話しかけてきた。

「何人乗っておられるのですか？」

何を意味するのかわからない私は正直に「25人」と答えると、25人分のキャンディを用意して、こう言いながら手渡してくれた。

「ありがとうアメリカのクルーから」

さらに機長は機内アナウンスで私たちの搭乗を伝え、激励までしてくれたのだ。日米の対応の差に愕然とし、嬉しいよりも、逆に哀しい気持ちになったものだ。

人道的支援を通じた日本の国際地位向上のため、「命懸け」でイラクに向かう私たちへの処遇は冷淡を超えるものだった。まさに吉田茂総理のいう「日陰者」の扱いである。

これが憲法によって地位を確認されていない「自衛隊」の置かれていた社会待遇だった。この法的地位が給与面でも深刻なギャップを生んでいる。

有識者会議の報告書

現在の自衛隊は非常にアンバランスな人員構成になっている。階級については下から「士」、「曹」、「准尉」、「幹部」となるが、

「士」　幹部や曹の指示を受け、各種の任務を直接遂行する

「曹」　専門分野における技能を有するほか、士を直接指導し、幹部を補佐する

「准尉」　曹士隊員をまとめて指導し、幹部の補佐を行う

「幹部」　部隊の指揮命令を行い、部隊運営の責任を負う

という役割分担になっている。本来は命令の実行者である「士」が多くなければ組織として運用に不都合が発生するのだが、次々ページの表「自衛隊　階級別の人員構成」にあるように、「士」の充足率が極めて低い。組織構成が逆ピラミッド状になってしまっているのだ。

特に２０２３年の脱コロナ禍をきっかけに日本社会では深刻な人手不足が発生。優秀な新入社員を求めて、労働市場は奪い合いになっている。少子高齢化の影響で新規隊員不足は常態化している。そこで私は当時、浜田靖一防衛大臣に、防衛省内に人的基盤強化の有識者会議を立ち上げてもらうようお願いした。

２０２３年２月22日には、「防衛省・自衛隊の人的基盤の強化に関する有識者検討会」の第１回会議が開かれ、２０２３年７月12日には報告書が提出されている。報告書では、以下の指摘が行われた。

・出生率の低下と高齢化人口により、十分な資格のある募集者を見つけることが困難になっている現実から、自衛隊の人員募集と維持の課題が指摘された

・待遇改善と合わせて隊務をより魅力的にする必要性があるとして、具体的には給与の引き上げ、生活条件の改善、育児支援の充実などを挙げた

前者については深刻な人手不足の実態を視察先で目の当たりにすることがあった。

２０２３年２月17日17時10分頃、私は視察で鹿児島中央駅を降りた。駅の前では旧日本軍時代の少佐に相当する三等陸佐をはじめ、７～８名の隊員がで懸命にティッシュ配りをしているではないか。

ティッシュに書かれているのは「自衛官募集」である。配る自衛官幹部の中には着ぐるみを着ている方もいた。どのくらいの時間、この作業をしているのかを尋ねると、「3時間やっています」とのことだった。

かつて自衛隊の出身地でもっとも多いのは九州だ。陸上自衛隊で九州沖縄を担当するのは西部方面隊だが、台湾有事に備えることもあって3月末までに1700人の新隊員確保が目標に定められた。ところが、この2月17日の段階で確保できている新隊員数は実に900人、足らない800人を求めるための募集活動が駅頭でのがティッシュ配りである。人手不足の影響は次ページ表「自衛官の定員及び現員、充足率」のようになっていて、定員割れが慢性化する深刻な危機に直面しているのだ。人は城であり石垣なのだが、「城」や「石垣」がなくなっているのだ。これでは国は守れない。

どれほど最新鋭の装備を購入、開発、実用化しても運用する「人」がいなければ鉄の塊である。自衛隊も労働力の争奪戦に参戦しなければならない。人手不足という危機的な自体への第一歩として、給与面の劇的な改善を行わなければならない。

自衛官　階級別の人員構成

（2023.3.31 現在）

区分	非任期制自衛官			任期制自衛官	
	幹部	准尉	曹	士	
定員	46,487	4,924	141,371	54,372	
現員	43,166	4,677	138,900	24,519	16,581
（）内女子数	（2,712）	（117）	（9,866）	（3,723）	（3,448）
充足率	92.9%	95.0%	98.3%	75.6%	

任期制自衛官　特別職公務員
自衛官候補生として3カ月の教育を受けた後に、陸上自衛官は約2年（一部技術系は約3年）、海上・航空自衛官は約3年を1任期として勤務。2任期以降は各2年ごとに更新。1任期目の修了時に、自衛官として勤務を続けるか、民間企業へ就職するか、大学進学するかを選択できる。

自衛官の定員及び現員、充足率

（2023.3.31 現在）

区分	陸上自衛隊	海上自衛隊	航空自衛隊	統幕等	合計
定員	150,500	45,293	46,994	4,367	247,154
現員	137,024	43,106	43,694	4,019	227,843 ▼19,311
充足率	91.00%	95.20%	93.00%	92.00%	92.20%

四半世紀放置されていた基本給の改革

もっとも基本的なことなのだが、皆さんは「自衛隊員」の位置づけをご存じだろうか。国防のために命をかけて、災害ともなれば身を削ることから「自衛隊員」は、他の国で言う「軍人」のような独立した位置づけだと誤解している人が大半という印象だ。

実は自衛隊員は一公務員である。次々ページの上図「自衛隊員の位置づけ」にあるように、職務の性質上、国家公務員法不適用の特別職である。自衛官の定員は国家公務員全体の約42％となっている。職務の性質上、一般職とは別に独立して人事が管理される。階級については次々ページ下図「自衛官の任用区分」のようになっている。

自衛官の給与制度は、所管法律である防衛省の職員の給与等に関する法律を基本法とし、自衛官の任務の特殊性を考慮して独自に規定されている。給与は、「俸給」「諸手当」「現物給与」「退職手当」で構成される。一般企業とは異なる独自の給与体系だが「俸給」が一般企業で言う基本給に相当していて、自衛官の階級に応じて決まる。

第一の問題はこの「俸給」だ。自衛官の俸給は、警察官・皇宮護衛官・刑務官等に適用される俸給表の「公安職俸給表（一）の月額」を基本として、そこに約10％上乗せする。上乗せの根拠になるのが21・5時間相当の「みなし残業時間」である（次々ページ上図「自衛官の給与制度」参照）。

自身の経験に即しても、また視察してもほぼすべての自衛官は21・5時間より多く働いているのが実情だ。洗面やトイレなどの身支度、訓練の準備、部屋の整理整頓や掃除に加えて、稼業開始の10〜20分前には筋力トレーニングや自衛隊体操の練習などをする「間《ま》稽《げい》古《こ》」を行う。

実は、この「21・5時間」は1968年（昭和43年）当時の海上保安官の超過勤務手当相当分を適用した。実に半世紀以上、手つかずのまま放置されていたのである。

夜間勤務や研修など、実際にどれだけ残業をしているのか——私から防衛省に要求し2022年度（令和4年度）から実態調査を開始。2023年度第3四半期から翌24年度第3四半期までの1年間、全自衛官を対象に本調査を実施。その結果を分析し、改善策を検討した（次々ページ中図「労働時間の実態調査」参照）。

同一労働に同一賃金。頑張った分だけ給与をもらえる環境を作っていかなければならない。この改革が、まさにこれから動き始めるのだ。

自衛隊員の位置づけ

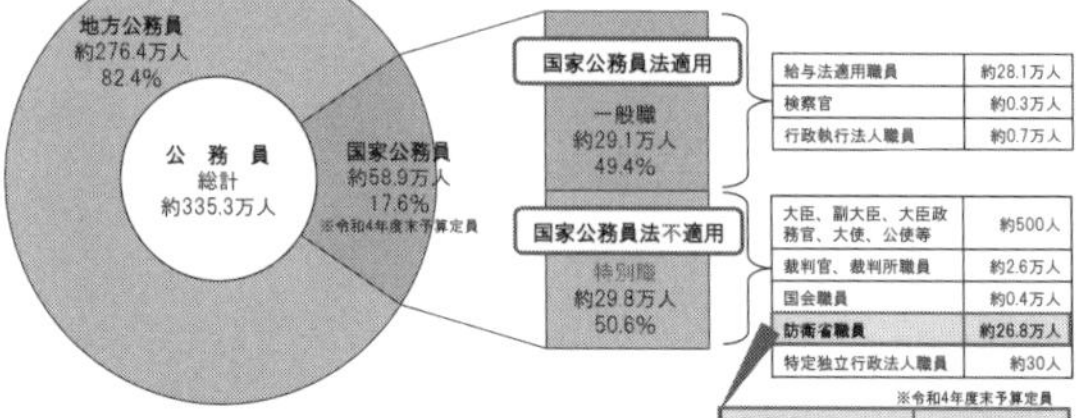

省庁名	定員	省庁名	定員	省庁名	定員	省庁名	定員
財務省	72,314人	厚労省	23,771人	外務省	6,504人	文科省	2,137人
法務省	55,026人	農水省	19,668人	経産省	5,119人	環境省	2,019人
国交省	51,501人	内閣府	15,370人	総務省	4,757人		

自衛官	約24.7万人
事務官等	約2.1万人

職務の性質上、一般職とは別に独立して人事管理（自衛隊法及び防衛省の職員の給与等に関する法律等で、人事・給与等を規定）

（2022年度一般会計予算書より）

自衛官の任用区分

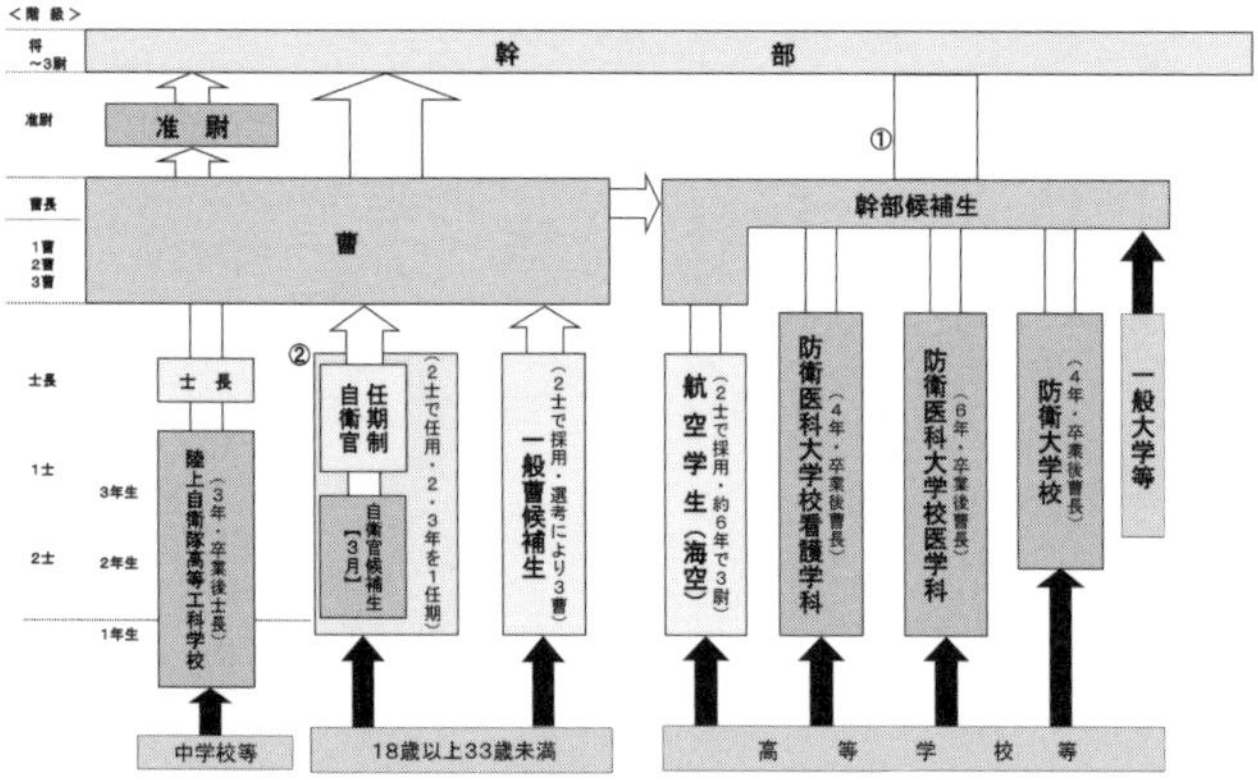

① 一般大学等の修士課程修了者のうち院卒者試験により入隊した者、並びに、防衛医科大学校医学科学生及び歯科・薬剤科幹部候補生については、国家試験に合格した者は、2尉に昇任

② 入隊当初の3ヶ月間を非自衛官化して、定員外の防衛省職員とし、基礎的教育訓練に専従させる

採用試験　　試験又は選考

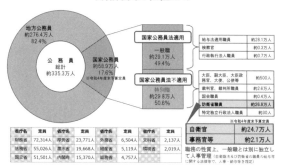

自衛官の給与制度

○常時勤務態勢等の任務の特殊性を踏まえ、超過勤務手当相当分を繰り入れた独自の俸給を支給

○一般の国家公務員は職務に応じた俸給表が適用されるが、自衛官は階級に応じた俸給表を適用
○俸給水準は、毎年の人事院勧告に準じた改定が基本

労働時間の実体調査

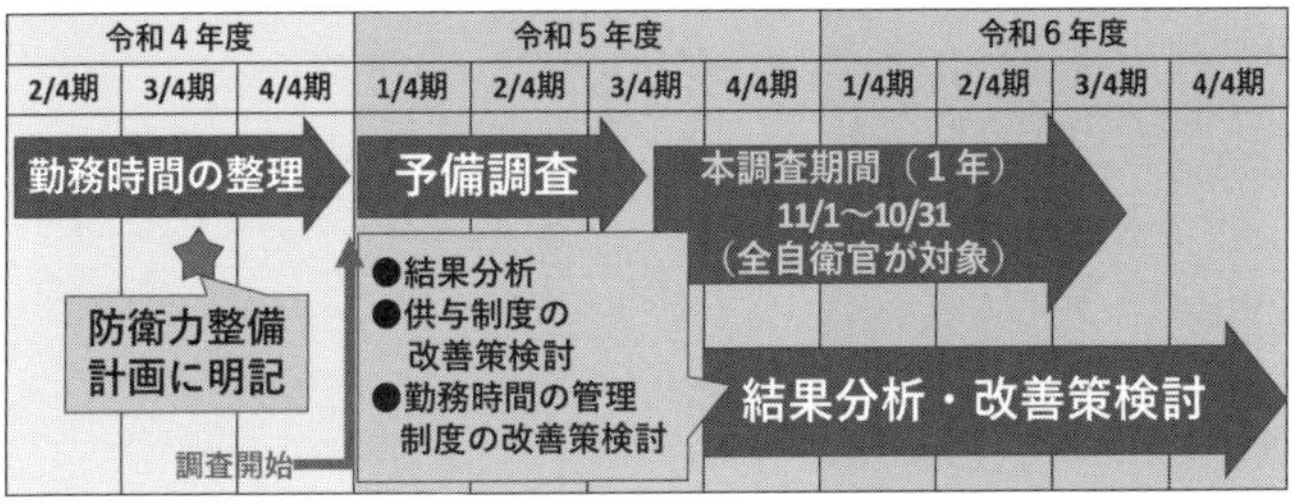

手当引き上げの実例

40歳２尉の護衛艦乗組員の場合

俸給月額×３３％ → ４３％

俸給月額	乗組員手当
371,700	122,661

➡

俸給月額	乗組員手当
371,700	159,831

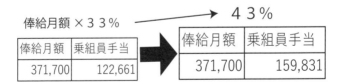

手当の大幅上昇

基本給の件はこれからだがベストを尽くすことは約束する。まず取り組みやすいところからということで、2024年度予算で、私がもっともこだわったのが「手当」の大幅アップだ。

その結果、護衛艦、潜水艦等の乗組員の手当を約10%引き上げることになったのである。例えば、護衛艦乗組員の場合は俸給月額×33%→43%に、潜水艦乗組員の場合は俸給月額×45・5%→55・5%となった。具体的には、40歳で2尉の護衛艦乗組員の場合を前ページの下図「手当引き上げの実例」にまとめた。

また以下の手当は新設した。

・レーダーサイトで勤務する隊員への手当　日額860円

・防空指令所等で勤務する隊員への手当　日額740円

前述したように日本の空の脅威値は日増しに上がっている。隊員は24時間、365日厳しい任務に従事しているのだ。そうした人たちの処遇を少しでも改善したいということで手当が調整されたのである。

このように特に厳しい部隊から優先して手当の改善が行われている。「日本版海兵隊」と報じられることも多い、陸上自衛隊の水陸機動団もその一つだ。

水陸機動団は長崎県佐世保市の相浦駐屯地に団本部が駐屯する水陸両用作戦部隊で、「水機団《すいきだん》」と略称される。島嶼への上陸訓練や離島防衛、強襲上陸などを担当し隊員数は約2400人、霊鳥「金鵄」と三種の神器の一つである「天叢雲剣」が部隊章となっている。

その特殊な任務から訓練は相当厳しい。そこで手当を以下のようにアップした。

・洋上潜入　現号俸33%↓改定43%
・水陸両用　階級初号俸12・38%↓改定25%
・洋上活動　階級初号俸6・88%↓改定20%

さらには今まで認められていなかったレンジャー訓練の手当を新設することもできた。

富士学校内にレンジャー課程が設置され、正式なレンジャー養成が開始されたのは1956年のことである。1974年以降は、各普通科連隊にレンジャー部隊集合教育が開講され、陸曹・陸士はこちらでレンジャー徽章を取得できるようになった。

レンジャー養成訓練は、陸上自衛隊の素養試験で選抜された隊員しか参加できない。報じられることの多い最終訓練は、駐屯地から約40キロ離れた山中を起点に、様々な任務を達成しながら徒歩で4日以内に帰還するという極めて過酷な内容だ。方位磁石と地図を頼りに、熊除けの鈴が必要な道なき道を、50キロの装備を背負い、1日1食の食事、短い仮眠、夜間の明かり厳禁などの過酷な条件が課せられる。

これほど過酷な訓練に対して「誇り」を理由に「手当」が手つかずになっていたのだ。そこでレンジャー訓練中の隊員に、養成訓練では日額4260円、練成訓練、養成事前訓練は日額2130円の手当を新設した。

人手不足という意味で、喫緊に対応を求められているのが「狙撃手」である。狙撃手は普通科連隊などにもいる。敵の要員を遠距離から狙撃する対人狙撃、敵の動きを監視し、情報を収集する偵察、監視任務などを行う。

その特性から特に島嶼防衛の場面では「狙撃手」はなければならない存在だ。

銃社会であるアメリカならともかく、銃に無縁な日本の若者にとっては未知の世界。敵地に少人数のユニットで潜入することからリスクも高い。さらに相手から「見えない」技術を習得するために動かずに待つ、あるいは意図的に極めて緩慢に動くという過酷な訓練を行わなければならない。

ある意味ではレンジャー訓練より厳しく、レンジャーを習得する隊員が狙撃手の資格を取ることも多い。なり手不足は深刻ということで

・レンジャー・狙撃手　階級初号俸×16・5％

・狙撃手　階級初号俸×8・25％

の手当を付けることとなった。他にも基地警備等の深夜勤務に対する手当を日額730円から1100円に引き上げた。

ところで皆さんは馬毛島《まげしま》をご存じだろうか？　2019年11月に防衛省が約160億円で買収した鹿児島県西之表市にある無人島で、当初は、普天間飛行場の代替施設として米軍のMV－22オスプレイの訓練移転候補地となっていた。2022年には日米両政府が自衛隊基地を整備することを正式に決定。滑走路や管制塔などの航空運用設備や、弾薬庫、格納庫、宿舎などの施設が整備されている。

この馬毛島勤務者への手当も「へき地手当等」として俸給等×15％の手当を付けることになった。手当の改善はまだ道半ばである。引き続き、任務の特殊性に合致したものにするべく努力する。

置き去りにしてきた「問題」を精算

現在、横須賀には「陸上自衛隊高等工科学校」と「防衛大学校」がある。その高等工科学校は今後、陸から陸・海・空を統合した男女共学の「高等工科学校」に姿を変えていく。現代の国防にマッチした人材育成が期待されている。

第3章では最新の戦争で「サイバー」が非常に重要であることを解説したが、育成環境の整備も急ピッチで進んでいる。

先述の陸自高等工科学校には、サイバーセキュリティ専修課程やAI・ロボティクス専修課程が開設されている。また、2023年12月1日には、海上自衛隊横須賀基地内に、サイバー・情報専門部隊である「横須賀情報保全隊」が新設。また2023年12月22日には久里浜の「陸上自衛隊通信学校」が、「陸上自衛隊システム通信・サイバー学校」に改編した。また防衛大学内にサイバー学科が新設され、2024年4月入学生から適用される。

前述したように日本学術会議が「軍事研究」を認めていないことで、一般大学に国防研究を頼ることが厳しい環境になっている。そこで横須賀を筑波のような「情報・通信・サイバー研究学園都市」化して人材を育成する構想に向け歩を進め始めた。

防衛省は陸・海・空合わせたサイバー部隊の要員を2022年の約890人から2027年末までに約4000人に急拡充する計画だ。当然、民間の「腕利き」を含めて中途で採用しなければ防衛能力が追いつかない。

そこで、自衛隊サイバー防衛隊勤務者への手当を0%から16%引き上げる方針だ。

前述したように、かつて自衛隊は戦車、戦闘機、護衛艦などの「正面装備」と、作戦実施の基盤を「後方装備」と2分割にしていた。防衛系はどうしても「正面」側を優先して整備する傾向が強いが、サイバー要員はいわば人員の「正面」である。合わせて「後方」を強化しなければ、本質的な強化にはならない。

人材の「後方」と呼ぶべき存在が予備自衛官である。

予備自衛官とは、普段は会社員や学生などそれぞれの職業に従事しながら、有事や災害派遣などの際に招集されて自衛官として活動する非常勤の特別職国家公務員である。志願資格は18歳以上34歳未満（予備自衛官補は52歳未満）で、高校卒業程度の学力を問う学科試験と、性格や集団行動への対応力などを調べる適性検査を受ける。

合格後は「予備自衛官候補生」となり、約3カ月間、基礎を学んで予備自衛官となる。予備自衛官は以下3種類ある。

・予備自衛官　通常の予備自衛官で、非常勤特別職国家公務員として活動する
・即応予備自衛官　緊急時に迅速に対応できるように訓練された予備自衛官
・予備自衛官補　予備自衛官の候補者であり、訓練を受けている

ウクライナ侵攻では継戦能力の重要性が再確認されたが、予備自衛官こそが「継戦能力」を支える人たちである。

私が隊長としてイラクに派遣された際、驚くことがあった。派遣されたイギリス陸軍の中には、発電やダムの民間エンジニアが「軍人」として参加していたのだ。あるイギリス軍の中佐は「イラクの前はアフリカで発電所建設に携わっていた」と述べていた。CMO（シビル・ミリタリー・オペレーション＝民軍協力）と呼ばれている軍事協力分野である。

軍という組織の最大の特徴は自己完結性を備えている点だ。エネルギーインフラや食料

供給ラインの途絶えた被災地で、自衛隊が被災者の皆さんに入浴や、食事を提供できるのも「自己完結性」を備えているからだ。わかりやすくいえば軍は、必要なすべてを持ち歩いているのである。

国内ならともかく海外で民間企業が安全性を保ちながら、復興支援をすることは難しい。一方で治安が不安定な地域でインフラ整備に長けた軍人や部隊を保有していれば、自己完結性と安全性を保ちながらの復興支援が可能になる。我々自衛隊もイラクで道路、病院、スタジアムを直したりしたが、どこか付け焼き刃的にならざるを得ない。一方でイギリス軍は、その道のプロを連れてきている。

そうしたエンジニアは予備役の人たちで、人道支援や復興などの時に一緒になって派遣されてくる制度が整備されているのである。

イラク派遣前に調査でイラク南部のバスラに赴いた際、経産省から電線やガスパイプ、水道管のネットワークや、ガスや電力消費量を調べて欲しいと要請されたことがあった。そこで、イギリス軍のバスラ司令部に行ったところ、そうしたデータがすぐに出てきたのだ。施設内には予備役のエンジニアなどが同居している。

イギリスは植民地政策の経験から、海外での「国作り」のノウハウを持っているからこそCMOが整備されているのだ。海洋国家であること経済や国防の規模が近いことなどからイギリスには学ぶところが多い。

ところが日本の予備自衛官の手当には大きな問題がある。月に4000円だが、定めたのが何と1987年(昭和62年)だ。2024年まで36年もの間不変のままだった。また招集訓練手当は1日当たり8100円だが、こちらも1994年(平成6年)から29年変わっていない。

一方で、予備自衛官補の招集訓練手当は、1日当たり8800円。頑張って正式な予備自衛官になると、逆に700円も減額するというおかしな状況になっている。予備自衛官補の手当が導入されたのは2021年度だが、新制度を導入する時に、旧来の制度との整合性を放置したままにしているから、こうした理不尽なことが起こるのだ。

令和7年度の予算ではこうしたことを改善していく(次ページ表「『予備自衛官』の手当」)。

今こそ「足腰」の強化を

「見た目」ではなく「足腰」を強化することこそが抜本的強化に他ならない。その「足

「予備自衛官」の手当

予備自衛官	予備自衛官手当	訓練招集手当通常の訓練	即応予備自衛官となるための訓練
	(昭和62年度改定)	(平成６年度改正)	(令和３年度導入)
	4,000/月	8,100/日	8,300円/日
	毎年2,5,8,11月に支給	年20日間を超えない期間	2～3年間で約40日間
予備自衛官補	教育訓練招集手当(令和３年度導入)		
	8,800円/日		
即応予備自衛官	即応予備自衛官手当	訓練招集手当	勤続報奨金
	(平成9年度導入)	(平成9年度導入)	
	16,000/月	10,400円	120,000円/1任期
	毎年2,5,8,11月に支給	～14,200円/日	

腰」の部分として、一般企業の「労働環境」にあたる部分の改善にも大幅に力を入れなければならない。例えば、海上自衛隊の艦艇の通信環境の改善がそれだ。

海上に長くいる乗組員にとって家族との通信は重要な余暇である。これまで居住区画で隊員個人のスマートフォンからのメールの送受信は不可能だった。そこでラジオ・テレビ受信装置の無線LAN環境に、隊員が家族と連絡を取るための通信機器を接続可能にするために令和６年度は約２億円を投じる。

潜水艦においても同様の整備を行うが、こちらは２０２４年で整備完了の予定だ。その「足腰」として置き去りにされてきたのが「宿舎」である。

「予算が増えたらすぐ贅沢か」

と、誤解する人もいるかも知れない。自衛隊に入れば衣・食・住すべてがタダで提供されると言われるが、実態を見れば、それが「都市伝説」に過ぎないことがわかるだろう。宮崎県にある「陸上自衛隊えびの駐屯地」は約650人の基地だ。300人以上が寝泊まりしているのだが基地内に時間外飲食ができる食堂がない。駐屯地外に住む隊員が飲食可能な民間食堂も、クリーニング店も、床屋も、ATMもない。すべて撤退してしまったからだ。

山の中の駐屯地で簡単に町には出られない。官舎まで5~6キロメートルの距離がある。それが駐屯地に務める隊員の「住」で、説明を受けて、野党が同情したほどの生活環境だ。こうした「住」にまつわる話は枚挙にいとまがない。自衛隊の施設全体の約4割が築30年以上経過しており、老朽化が進んでいる。老朽化した施設は、耐震性や安全性に問題があるだけでなく、維持管理にコストがかかるという非生産的な状況になっている。

「衣」についても同様である。

2021年11月から陸上自衛隊では2着の新制服の順次配給が始まった。ところが全隊員に配給が完了するのは2032年度末を予定しているという。実に11年かけて制服を入れ替えるというのだ。一般企業の人なら失笑するに違いない。

もちろん自民党の国防議員連盟ではかなりの議論が行われ、当然のように「駄目だ」ということになった。「見栄え」の問題ではなく、制服がバラバラでは不審者が侵入してもわからなくなるという防犯、安全保障上の問題がある。

そこで急いで欲しい旨を伝えるのだが、遅々として配給は進まない。その原因の一つは生産にある。これまで防衛省は被服関係の防衛産業をメーカーまかせにして育成してこなかった。はたして工場を視察してみると、町工場の規模で一生懸命に作っていた。ところが発注数が増減したりなど、非常に不安定で安定した生産体制が作れないというのだ。

自衛隊制服には第三種夏服と呼ばれる半袖ワイシャツが2着、供給される。ところがこの耐用年数を尋ねると陸自4年、海自3年、空自が5年であるという。同じワイシャツなのに耐用年数がバラバラなのはおかしい。一般有権者の誰も理解ができないし、納得もできないはずだ。

ところがこの常識の欠落は、防衛省的な正常運転だ。平然と、各幕僚が設定しているからだと答えるのである。当たり前の話だが、自衛隊の学校のような勤務場所によっては夏になれば毎日ワイシャツを着用する。匂うのはイヤなので毎日洗濯をする。2着のありがたい配給ワイシャツで足りるはずもない。結局、自腹で購入するのだ。

絶対に必要だとわかるものは、最初から必要以上に発注するのが「常識」だ。そうすれば防衛産業も育つ。こうした、要求しても無駄だ。或いは、現場を知らないお役人の常識の欠落が隊員に莫大な負担を強いているのである。今まさに私からの指摘もあり、今まで陽が当たらなかった被服にも改善の流れができつつある。

はたしてこのような職場環境で働きたいと思う人がいるのだろうか。自衛隊が世界でもトップレベルの抑止力を維持できている理由は、自衛隊員の質と普段の努力である。「いざとなったら自衛隊が来てくれる」、「自衛隊員だから我慢できる」――それは自衛隊に対する信頼の証しだが、その信頼は防人たちの日常の犠牲によって生まれていることを忘れないでいただきたいと私は思う。

そこで2024年度は、「住」と「衣」の部分で、

・宿舎整備費　479億円
・隊舎・庁舎等の整備　3025億円
・被服等の整備　215億円
・備品・日用品等整備　113億円

を付けることができた。2023年度は施設整備に2000億円しかなかったことを考

えれば、宿舎、隊舎、庁舎で約3500億円を付けることができたのだ。大幅な改善と言えるだろう。

空腹自衛官をなくせ

「食」についても目を覆う事案が起こっている。

2022年6月、ある自衛官が朝食時に米を取った後にパンも取ったとして停職3日の処分を受けた。配膳係の指摘を受け、自ら基地に申し出て発覚したが、当事者は「米を減らしたため、パンを取っても問題ないと思った。認識不足だった」と説明した。朝食1食は234円である。いくら規則とはいえ、あまりにもと思うのは私だけではないはずだ。同様の「ご飯・パン」両取り事案は翌2023年にも起きている。

2023年3月には、2021年4月から2023年2月までの間にカレーライスを規定以上食べたことで自衛官が停職5日の処分を受けた。同年10月11日にはある自衛官が、同年8月24日から9月19日までの間に基地内の食堂でパンと納豆を規定量以上に食べたとして停職10日の懲戒処分を受けたことが報じられた。「パンと納豆の量が少ないと感じたので、多く取った」と説明しているが、被害総額は約1300円。基地側は「食料の無駄遣いは許されない」としている。確かに規律を重んじる自衛隊という組織において、ルール違反は許されないが、厳しい訓練に明け暮れる自衛隊員に食事を十分食べさせたいと思う国民は、私を含め少なくないと思う。

ビッフェスタイルが基本の米軍との違いは大きい。メインディッシュ、サイドメニュー、デザートなどが豊富に用意され、各自好きなものを好きなだけ取ることができる。食材は新鮮で、調理も丁寧味付けはアメリカンな味つけが多いが、ベジタリアンや宗教上の理由で特定の食材を食べられない人向けのメニューも用意されているほどだ。

糧食費も、

2022年度　約335億円（920円／人）
2023年度　約346億円（前年比＋11億円）（947円／人）
2024年度　約378億円（前年比＋32億円）（978円／人）

と上昇傾向にある。すべての自衛官員が空腹に苛まされないよう、今後もしっかりと取り組んでいきたい。ただ、民間企業で全寮制の寮の食事が、一日三食一人当たり千円以下の食事で社員が十分集まるだろうか？

2013年3月末時点で女性自衛官は全体の約5・5%だったが、2023年3月末時点では3・2ポイント増えて約8・7%となった。

並行して女性自衛官の待遇改善を進めなければならない。これまで防衛白書では「女性自衛官」について、

2008年版　女性自衛官の積極的な登用を推進
2013年版　女性自衛官のキャリアパス拡大
2015年版　女性自衛官の妊娠・出産・育児支援の充実
2019年版　女性自衛官の活躍推進に向けた取組

と記述してきたが2024版では初となる重点項目に取り上げ、女性自衛官の制服の改良、登用拡大、働きやすい環境づくりを中心にページを割いている。改善のための予算として女性自衛官の教育・生活・勤務環境の基盤整備に139億円が割かれている。具体的には隊舎・潜水艦における女性用区画の整備、女性用トイレ等の整備が行われる。

陸自演習場のトイレにはまだくみ取り式がある。浴場に関しても男性用・女性用に分かれていないものもあり、そうした施設では時間を区切って入れ替えている。

防衛省は、2030年度までに女性自衛官の比率を12%以上とする目標を掲げているが、

色んな場所を整備しなければならない。

早すぎる定年

このような待遇改善は入隊希望者、すなわち自衛隊の「入り口」の部分での魅力アピールの材料になるだろう。2024年度からも「新たな自衛隊」として予定されている定員を満たすべく、入隊募集の機関である自衛隊地方協力本部が奔走することになるだろう。

少子高齢化は「静かな有事」と呼ばれている。前述したように、現在の自衛隊を脅かす最大の問題は現場の働き手である「士」の不足だ。今どきの若者はSNSなどで自発的に情報を入手する。

例えば防衛省は2024年度にも積極的にサイバー防衛用の人材を募集する。求めているのは民間企業などで高度な知見を積んだサイバー任務に耐えうる即戦力だ。新入する自衛官は通常32歳までだが、この分野については該当職の年齢要件の制限を解除し、体力テストも通常の条件より緩和する。また国家公務員で最上位の棒給である事務次官級相当2300万円ほどを設定することが報じられている。

こうなるとサイバー防衛を学んで一般企業に技術職で入社して、自衛隊は転職先の一つでいいと考えるのが今どきの若者だ。もちろんサイバー防衛は喫緊ということで仕方がないのだが、これでは「士」不足は解消されない。

問題の大きな部分が自衛官のセカンドキャリアの窓口があまりにも狭いということにあるのではないか。

例えば自衛官は大型の運転免許取得者が多い。ちなみに私の運転免許も「大型」ということで、トラックドライバーになることはできそうだ。特に2024年4月1日から施行される改正労働基準法により、トラックドライバーの年間時間外労働上限が960時間に制限されるなどの「2024年問題」により、トラックドライバー不足が社会問題となっている。

とはいえ自衛官すべての大型免許取得者がトラックドライバーを希望しているわけではない。セカンドキャリアの選択肢は広ければ広いほどいい。自衛官のセカンドキャリアの選択肢は、警察官のそれに比べてもあまりにも少ない。同じ国民を守る職業でも「治安維持」と「国防」では社会との距離が違いすぎるからだ。

全自衛官から選抜されて厳しい訓練を経てなるレンジャーや、さらに選抜される特殊作

自衛官の定年年齢

区分	陸自	海自	空自	定年年齢
将官	陸将	海将	空将	60歳
	陸将補	海将補	空将補	
佐官	1等陸佐	1等海佐	1等空佐	57歳
	2等陸佐	2等海佐	2等空佐	56歳
	3等陸佐	3等海佐	3等空佐	
尉官	1等陸尉	1等海尉	1等空尉	55歳
	2等陸尉	2等海尉	2等空尉	
	3等陸尉	3等海尉	3等空尉	
准・曹	准陸尉	准海尉	准空尉	
	陸曹長	海曹長	空曹長	
	1等陸曹	1等海曹	1等空曹	
	2等陸曹	2等海曹	2等空曹	54歳
	3等陸曹	3等海曹	3等空曹	
士	陸士長	海士長	空士長	—
	1等陸士	1等海士	1等空士	—
	2等陸士	2等海士	2等空士	—

戦郡の自衛官は、スポーツの世界で言えば代表クラスである。銃の打ちすぎで難聴になって自衛隊を去る者も少なくないが、「代表クラス」のセカンドキャリアは考えているよりも遥かに乏しい。

2025年4月1日からすべての企業で定年年齢65歳が義務化し、働きたい場合は、継続雇用制度を利用することができる。労働力の不足と長寿化から、定年年齢はさらに引き上げられる可能性も指摘されているほどだ。対して体力を必要とする自衛官の定年は将官以外は50代で、今どきにしては相当に若い年齢で放り出されてしまう（前ページ「自衛官の定年年齢」参照）。

「募集」という入口の整備ばかりに力を入れるのは大いに喜ばしいことなのだが、入口と出口の両方がセットにならなければ、魅力的な職場には映らない。一流企業への希望者が多い理由の一つは、安定した収入だけではなく再就職の選択肢が豊富だからだ。

ところが人手不足を問題としている防衛省が「出口」を積極的に整備しているとは聞かない。

諸外国の元軍人に対するケア

そこで諸外国の「出口」の部分を見てみよう。

アメリカには政府機関として退役軍人庁があって、退役軍人ばかりかその家族に対して、以下のような様々なサービスを提供する。

1．医療サービス　退役軍人に対して、病院や診療所での診察、入院、手術、薬の処方などの医療サービスを提供する。退役軍人庁の医療サービスは、質の高い医療を低価格で提供することで知られている。実戦を経験した兵士の中には精神疾患や心的外傷後ストレス症候群（PTSD）に苦しむ人も少なからずいるが、その治療にも力を入れている。

2．障害年金

戦闘や訓練中に負傷した退役軍人に対して、障害年金を支給する。障害年金の額は、障害の程度によって異なる。精神疾患やPTSDによる障害も認定している。

3．教育・訓練

大学や専門学校での教育・訓練を受けるための支援を提供する。学費や生活費を支給するだけでなく、就職活動の支援も行う。

4．住宅支援

退役軍人に対して、住宅ローンや住宅補助を提供。ホームレスとなった退役軍人への支援も行う。

さらに就職支援、中小企業融資、生命保険、埋葬サービスなど多岐にわたるサービスを提供している。退役軍人庁はアメリカ政府の中でも大規模な機関で、約35万人の職員が働く。退役軍人が社会復帰し、充実した生活を送るために、重要な役割を果たしている。

イギリスで同様の機関にあたるのが国防省退役軍人局だ。約25万人が働くイギリス最大の政府機関で、イギリス軍の退役軍人とその家族に対して、医療、教育、住宅、就職、福祉などのサービスを提供している。

さらにイギリスには民間団体の王立軍人協会が存在する。約40万人の会員を擁しており、資金援助、医療サービス、社会福祉サービス、就職支援などを提供している。

前述した、有識者検討会報告書でも再就職支援に触れているのは末尾のわずかな部分だ。出口の部分の整備、拡充はより広い範囲で議論されるべきだ。

憲法は週刊誌記事より拙速に作られた

防衛予算が増えたことで逆に自衛隊の問題が顕在化しているのが2024年である。だが、もっと根源的な部分で「自衛隊」は国家機関であるのにもかかわらず地位が定められていない。ゆえに自衛官も「特別な公務員」という模糊とした立場になっている。

今日まで問題が置き去りにされ、苦痛と我慢を強いられてきた原因の一端ではないか。第二次安倍政権では集団的自衛権の行使容認が閣議決定された。ただし現在の憲法を考えれば、行使できるのは限定的な集団的自衛権だ。日本が危ない時だけアメリカをはじめとする同志国と共同で防衛行動を行う。

価値観は共有する、リスクも一部共有します、でも日本が危ない時しか守らない…だからトランプ前大統領は安倍元総理に、

「晋三、日本が危ない時にアメリカの若者が命をかけるのに、何でアメリカが危ない時に日本の若者は何もしないんだ」

と日米関係がアンフェアであることを突きつけた。敗戦後、日本は安全保障をアメリカ

に守って貰うことを前提に、経済に集中投資した。海に囲まれているので深刻に「国防」について考える必要がなかったのだ。

そこで考えたいのが日本国憲法だ。前文にこうある。

日本国民は、恒久の平和を念願し、人間相互の関係を支配する崇高な理想を深く自覚するのであつて、平和を愛する諸国民の公正と信義を信頼して、われらの安全と生存を保持しようと決意した。われらは、平和を維持し、専制と隷従、圧迫と偏狭を地上から永遠に除去しようと努めてゐる国際社会において、名誉ある地位を占めたいと思ふ。われらは、全世界の国民が、ひとしく恐怖と欠乏から免かれ、平和のうちに生存する権利を有することを確認する。

現実の世界に当てはめれば中国＝習近平国家主席、ロシア＝プーチン大統領、北朝鮮＝金正恩総書記の「公正と信義を信頼して、われらの安全と生存を保持する」というのだ。自国ではなく価値観の違う、領土拡大の欲望を隠そうともしない権威主義国に、自分の安全と生存を依存するというのだから、滑稽でさえある。憲法の前文はどう考えても矛盾している。加えて現行憲法には「防衛」、「自衛」という文字が一言も使われていない。

そこで現行憲法がどう出来上がったのかを整理しよう。

昭和21年（1946年）、占領時代に作られたマッカーサー試案を毎日新聞がスクープ。その報道を見たマッカーサーが憤怒して日本に任せられないということで、同年2月4日にコートニー・ホイットニー民生局長に憲法原案の早期作成を命じる。同日、ホイットニーはチャールズ・ケーディス次長に同月12日までに作れと命じて、たった8日間でできたのが現行憲法の原案だ。

週刊誌の記事だってもう少し時間をかけて作るのではないか。恐ろしいのは、やっつけ仕事でできた憲法が現在でも日本国を規定していることである。

憲法改正こそ防衛力の抜本強化

日本国憲法は第一章が天皇で第1条〜第8条から成る。続く第二章は、突然、「戦争の放棄」という構成だ。

天皇という日本の歴史、文化のバックグラウンドの次に、「防衛」、「自衛」ではなく

「戦争の放棄」が規定されているのだ。日本が侵略戦争を起こされることなど、想定されていないのである。

そもそも「憲法」というのは権力側を規定するものなのだが、続く第三章は「国民の義務及び権利」である。10条〜40条のうち、権利と自由が多く、義務と責任が少ない、という構成だ。当たり前のことだが義務がないところに権利はない、また責任がないところに自由はない。非常にバランスが悪いということだ。

どこの国も、国連憲章に基づいて軍隊を持っている。国連憲章はすべての加盟国に、個別的自衛権と集団的自衛権を認めているのだ。だから、タイも、あるいはフィジーも、自衛権に基づいて軍隊を持っている。

当然、個別的自衛権と集団的自衛権も持っているのだ。

ところが日本は憲法によって個別的自衛権は持っていながら集団的自衛権を自ら放棄した。しかも憲法第二章9条で「陸海空軍その他の戦力は、これを保持しない」と規定しているのだ。

米ソ冷戦という現実の前で、この矛盾が露呈した結果、1950年に警察予備隊、1952年に保安隊、1954年に自衛隊と名称を変更する。英語に直せばセルフ・ディフェンス・フォース、自警団だ。通常の国はアーミー、ネイビー、エアフォース、あるいはディフェンスフォースなどの名称で、和訳すれば「国防軍」となる。

この歪な法環境が自衛隊の存在の批判の論拠になっている。あまつさえ吉田茂元総理自らは当時の時代背景はあるものの「日陰者」と呼んでいたのだ。ようやく自衛隊が「総理の誇り」となって、普通の国の国防組織になろうとしている。だが、そのきっかけも自発的なものではなく、中国の台頭という外因である。

周辺事態の変化は、国民の皆さんが考えているよりはるかに早い。だからこそ自衛隊は急速に組織を変えているのだ。多くの国民が、有事の際には自衛隊の必要性を実感するのではないだろうか。一方で自衛隊員自身は憲法で地位も保全されないままである。

憲法改正こそが自衛隊が抱える問題解決の第一歩であり、本質的な意味での防衛力の抜本強化ではないだろうか。


（文中敬称略）

PROFILE

佐藤正久

さとう・まさひさ

政治家。参議院議員(当選3回)。1960年、福島県出身。1983年に防衛大学校応用物理学科を卒業(27期)、翌84年に帯広の第4普通科連隊に配属。1996年に国連PKOゴラン高原派遣輸送隊初代隊長を務め、98年にカンザス州のアメリカ陸軍指揮幕僚大学を卒業。そして2004年、「戦闘区域かどうか」の議論を経て派遣が決定した湾岸戦争直後のイラクに、先遣隊長として派遣。メディアの窓口となり、その冷静な状況分析と合わせて「ヒゲの隊長」として人気となる。

2007年、第21回参議院議員選挙で初当選。12年、第2次安倍内閣で防衛大臣政務官を務める。

2017年、外務副大臣。

2019年、第25回参議院議員通常選挙で3選。

2020年10月、自由民主党政務調査会外交部会長に就任。2018年に発生した文在寅政権下での韓国海軍レーダー照射問題や習近平政権で膨張主義に変貌した中国の南シナ海、東シナ海への進出、2020年からのコロナ禍や、2021年8月のアフガニスタン脱出問題などについて、危機管理、外交・安全保障の専門家としてメディアで解説・提言を行っている。

2022年8月31日に参議院国会対策委員長代行に就任。

著書に『中国に勝つための地政学と地経学 日本人に隠されている真のチャイナクライシス』、『中国の侵略に討ち勝つハイブリッド防衛　日本に迫る複合危機勃発のXデー』(いずれも徳間書店)、『知らないと後悔する 日本が侵攻される日』(幻冬舎)。

嘘をつかない、過度に煽らない姿勢が評価され、最新の解説、情報を発信するTwitterのフォロワーは52.8万人(24年2月22日現在)にのぼる。

- 佐藤まさひさ公式HP　https://sato-masahisa.jp/
- Xアカウント　@SatoMasahisa
  https://twitter.com/SatoMasahisa
- YouTubeチャンネル「佐藤まさひさの国会教室」
  https://www.youtube.com/channel/UCQigIGI9xWtXfPmL-8gnKdQ

X ▼

YouTube ▼

著者撮影

水野嘉之

book design

HOLON

図解
令和自衛隊大全 「隊」格大改造
「防衛力抜本的強化」の深層

第1刷　2024年3月31日

著者
佐藤正久

発行者
小宮英行

発行所
株式会社徳間書店
〒141-8202 東京都品川区上大崎3-1-1 目黒セントラルスクエア
電話　編集(03)5403-4344 ／ 販売(049)293-5521
振替　00140-0-44392

印刷・製本
大日本印刷株式会社

ISBN 978-4-19-865813-7

SELF-DEFENSE FORCE ENCYCLOPEDIA